数据科学与大数据技术丛书

Data Quality
Empowering Businesses With Analytics And AI

数据质量实践手册

4步构建高质量数据体系

[美] 普拉桑特·苏特卡尔 ◎著
(Prashanth Southekal)
马欢 巫雪辉 ◎译

机械工业出版社
CHINA MACHINE PRESS

图书在版编目（CIP）数据

数据质量实践手册：4 步构建高质量数据体系 /（美）普拉桑特·苏特卡尔（Prashanth Southekal）著；马欢，巫雪辉译. -- 北京：机械工业出版社，2024. 9.（数据科学与大数据技术丛书）. -- ISBN 978-7-111-76466-3

Ⅰ. TP274

中国国家版本馆 CIP 数据核字第 202467R943 号

机械工业出版社（北京市百万庄大街 22 号　邮政编码 100037）
策划编辑：王　颖　　　责任编辑：王　颖　董一波
责任校对：甘慧彤　马荣华　景　飞　　　责任印制：任维东
三河市骏杰印刷有限公司印刷
2024 年 10 月第 1 版第 1 次印刷
186mm×240mm · 13.5 印张 · 234 千字
标准书号：ISBN 978-7-111-76466-3
定价：99.00 元

电话服务　　　网络服务
客服电话：010-88361066　　机　工　官　网：www.cmpbook.com
010-88379833　　机　工　官　博：weibo.com/cmp1952
010-68326294　　金　书　网：www.golden-book.com
封底无防伪标均为盗版　　机工教育服务网：www.cmpedu.com

推荐序

Foreword

当前，人工智能、机器学习、商业智能、区块链等新兴技术飞速发展，极具吸引力。所有这些新技术都依赖于高质量数据，也就是它们只有在可靠的数据基础上才能发挥作用。若它们在错误的数据基础上运行，根本就不会起作用。计算机科学与信息通信技术领域有 GIGO（Garbage In Garbage Out）原则，它是指如果将错误的、无意义的垃圾数据输入计算机系统，计算机系统也一定会输出错误的、无意义的垃圾结果。因此，新兴技术需要以高质量数据作为基础，而数据质量往往被忽视。

普拉桑特·苏特卡尔（Prashanth Southekal）博士的这本书聚焦数据质量，探讨了关键领域中数据管理和数据治理的最佳实践，内容十分全面。数据质量的先驱拉里·英格利什（Larry English）一定会为苏特卡尔博士所做的工作感到自豪。因为苏特卡尔博士浇灌了他在许多年前播下的数据质量概念的种子，这些种子已经在一片郁郁葱葱、翠绿欲滴之地茁壮成长。

我从这本书中受益匪浅。这本书有如下亮点：

- 数据定义——数据是什么，以及它为什么在业务中很重要。
- 数据血缘——许多作者忽略了这个主题。
- 数据记录系统——大多数作者都忽略的一个重要概念。
- 认识数据量在决策中发挥的重要作用。
- 数据治理——什么是数据治理以及如何进行数据治理。
- 数据保护和数据安全对于任何现代组织来说都是必不可少的。
- 数据伦理——大多数作者都没有涉及这个主题。
- 数据所有权和管理责任。

如果你要构建依赖于数据的系统，或者有更加宏大的目标，那么通过阅读此书，你将打下坚实的基础。

“数据仓库之父”比尔·恩门（Bill Inmon）

前　言

Preface

本书定位

如今，每家公司都可以说是数据公司，数据正在重新定义以数据分析和人工智能为核心的业务模式，它带来了新的收入来源，降低了成本，减少了业务风险。麦肯锡的一份报告称，数据驱动的组织可以提供高达25%的EBITDA（利息、税收和折旧前利润率）增长（Böringer等，2022）。波士顿咨询公司在2022年进行的一项研究中发现，全球前10家创新公司中的9家都是数据公司（Manly等，2022）。总体而言，数据被认为是当今业务创新和生产力的关键推动因素。

要从数据中获得业务价值，则需要优质的数据，但大多数行业都面临着低劣数据质量的问题。《哈佛商业评论》研究发现，在企事业单位中只有3%的数据符合质量标准（Nagle等，2017）。研究分析机构Gartner发现，全球顶级公司中有27%的数据存在缺陷。为了让组织从数据中获得竞争优势，本书为读者提供了实用性的指导和经过验证的解决方案，以获取高质量的业务数据。虽然市场上有很多关于数据质量的书籍，但本书有以下三个独特之处：

（1）这是一本写给数据相关领域从业者的书。本书基于作者在数据、数据分析和人工智能方面的经验，他为80多家公司提供过咨询，其中包括通用电气、SAP、宝洁、苹果和壳牌等大公司。此外，书中内容还得到了世界各地许多领先组织的高级数据和技术领导者的审核。

（2）这是一本符合当前市场和技术发展的书。如今，公司面临着激烈的竞争、扩大的业务网络、不断增加的监管合规性要求，以及新兴技术的挑战，如云计算、大数据、机器学习（ML）、人工智能（AI）、区块链、物联网（IoT）等。本书正是迎合了当前在人工智能和分析场景中管理高质量业务数据的需求。

（3）这是一本不限定于某种技术的书。市场上的许多与数据质量相关的图书都围绕 IT 产品展开，而本书则着眼于技术概念，不涉及任何专有或特定技术。本书旨在通过数据提高业务绩效。任何渴望获得高质量数据，并利用其进行决策支持和创新发展的企业领导者，都可以阅读此书。

本书原则

1. 以数据消费者为中心

本书的目的是增加利用数据实现更好的业务绩效的机会。在以下三种关键情况下，可以提高数据的业务价值：存在高质量数据；侧重于数据的利用或消费；利用数据来提高和优化业务在运营、合规和决策方面的能力。简而言之，本书的重点是获取和管理高质量的数据，以改进业务运营、合规和决策方面的能力。

2. 根因分析与持续改进

数据质量管理不是一次性活动，而是一个持续识别并解决根本原因的改进计划。因为如果没有找到问题的根本原因，问题就永远无法真正消除。因此，本书重点关注运用技术来确定数据质量问题的根源，并讨论了 16 个常见的导致企业数据质量下降的根源。

3. 最佳实践的总结

本书致力于帮助企业提高数据质量水平，并依据行业最佳实践提供了 10 项具体的客观建议或最佳实践，其中包括提高企业数据质量所需要具备的能力。此外，本书还提供了许多基于调研和案例研究的见解。

4. 业务相关性

本书适用于在当前业务、人工智能和分析环境中管理高质量数据。如果缺乏高质量数据，仅基于人工智能分析产生的洞察是无法改善业务绩效的。实际上，没有数据就没有人工智能，不考虑数据质量的人工智能没有意义。

本书结构

那么，企业如何获取和管理高质量的数据呢？获取和管理高质量数据的方法是什么？为了回答这些问题，本书提出一种 4 步构建高质量数据体系的 DARS 方法，该方法包括定义（Define）、评估（Assess）、实现（Realize）和持续（Sustain）。这种方法既是一种战略，也是一种战术，旨在从数据中为企业提供最大价值。本书依据经过验证的最佳实践，提供实用的指导建议，帮助读者在数据质量管理和治理方面取得成功。

本书分为四篇，对应 4 步 DARS 法实现的高质量数据体系。第一篇为定义阶段，旨在明确定义数据质量及其特征或维度，引导读者更好地理解数据和数据质量。第二篇为评估阶段，用于确定各项数据质量水平并查明数据问题产生的根源。第三篇为实现阶段，即贯彻行业最佳实践，改善整个生命周期的数据质量。第四篇为持续阶段，用于确保已实现的所有收益得以延续。

利用 4 步 DARS 法来改善和提高数据质量的过程类似于改善一个人的健康状况。首先，需要定义健康状态，因为健康可以从身体、精神、心理等多个方面来评估。其次，需要确定具体健康状况的特征或维度，例如，在身体健康方面，这些维度可能包括力量、灵活性、耐力等。再次，需要进行深入分析并理解问题产生的根本原因，因为通常问题只是表征或症状。例如，身体健康状况不佳的症状之一是疲劳，需要进行分析和评估以确定根本原因，如糖化血红蛋白（A1C）测试可能会表明导致疲劳感的根本原因是Ⅱ型糖尿病。因此，需要解决的问题是治疗Ⅱ型糖尿病而不仅仅是解决疲劳感。接下来，需要采取不同方法的组合来解决导致疲劳的Ⅱ型糖尿病，如药物、健康饮食（包括蔬菜、水果和全谷类）、冥想和定期锻炼。最后，需要采取正确的控制措施，并定期进行体检，以确保采取的措施可以持续下去。

本书分为 12 章，按照 4 步 DARS 法逐一展开，如图 P. 1 所示。

图 P.1　本书组织结构

本书读者

本书介绍了数据质量管理和数据治理的核心概念，还提供了一种逐步实现和保持高质量数据、提升业务绩效的方法论。该方法论适用于所有对利用业务数据价值有兴趣的人，包括业务团队和 IT 团队，不需要基础即可理解并应用本书中所述的概念。本书读者对象包括 CFO（首席财务官）、CDO（首席数据官）、首席信息官、会计师、地质学家、IT 开发人员、采购主管、理赔分析师、数据科学家、销售经理、数据治理分析师、承保人员、人力资源经理、其他商业或 IT 角色。简而言之，任何人都可以从本书中学习实现和保持高质量业务数据的方法。

参考文献

Böringer, J., Dierks, A., Huber, I., and Spillecke, D. (January 18, 2022). Insights to impact: Creating and sustaining data-driven commercial growth. McKinsey & Company. https://www.mckinsey.com/business-functions/growth-marketing-and-sales/our-insights/insights-to-impact-creating-and-sustaining-data-driven-commercial-growth.

Manly, J., et al. (December 2022). Are you ready for green growth? Most innovative companies 2022. Boston Consulting Group. https://www.bcg.com/en-ca/publications/2022/innovation-in-climate-and-sustainability-will-lead-to-green-growth.

Nagle, T., Redman, T., and Sammon, D. (September 2017). Only 3% of companies' data meets basic quality standards. *Harvard Business Review.* https://bit.ly/2UxaHO4.

致谢 Acknowledgements

本书是基于我在数据、数据分析和人工智能的咨询、研究和教学领域二十多年的经验所写的。撰写本书的过程比我预想的更加具有挑战性，但也给我带来了更多的收获。这本书是团队合作的结果，许多人对这本书的撰写产生了积极的影响。撰写这本书是一次独特的学习与协作体验，同时也是我迄今为止最佳的“投资”之一。在整个撰写过程中，我有幸与顶尖的数据和数据分析研究者以及行业专家进行讨论，他们给了我很多帮助。

首先，我要感谢“数据仓库之父”比尔·恩门（Bill Inmon）为本书撰写推荐序。作为行业资深人士和思想领袖，比尔在全球市场上有着广泛的影响力，并深知高质量数据对企业蓬勃发展的重要性。我从大学时代就开始关注比尔及其工作，并一直深受启发。比尔能够为此书撰写推荐序，让我感到非常荣幸。

其次，我要衷心感谢 Wiley 团队的所有成员，包括 Sheck Cho、Samantha Wu 和 Susan Cerra，她们在项目期间给予我帮助和支持。我还要特别感谢 Michael Taylor、Tobias Zwingmann、Christophe Bourguignat、Sreenivas Gadhar 和 Tony Almeida，他们抽出时间仔细审阅本书并给予宝贵的反馈。同时，我还要非常感激我的咨询客户和 IE 商学院（西班牙马德里）的学生，因为他们为我提供了理解数据、数据分析和人工智能之间微妙差别的机会。最后，我要特别感谢我公司 DBP-Institute（DBP 代表业务绩效数据）的顾问 Gary Cokins、Suresh Chakravarthi 和 Sana Gabula，他们在我的写作过程中提供了正确的指导和支持。

最后，这本书的写作历经两年之久，其间我不得不从家庭活动中抽出很多时间。在此，我非常感激我的妻子 Shruthi Belle 以及我的两个可爱的孩子 Pranathi 和 Prathik，他们理解这本书对我以及整个数据、人工智能和数据分析社区的意义，并给予我巨大的支持、激励和鼓舞。没有他们的理解、支持和耐心，我不可能完成这本书的写作。

Prashanth Southekal

目　录

Contents

第2篇 评估阶段

第3篇 实现阶段

第4篇 持续阶段

1

第 1 篇

定义阶段

第1章 概 述

1

1.1 引言

如今，相比于有形资产（如土地、机器设备、库存和现金）而言，无形资产（不具有物质性质的资产，包括数据、品牌和知识产权等）的重要性迅速上升。2018年，标普500指数中的无形资产价值达到21万亿美元，占据了所有企业价值的84%。相比于1975年的17%，这是一个巨大的增长（Ali，2020）。总体来说，随着5G、人工智能、机器人、物联网（IoT）、量子计算机、数据分析、区块链等技术的普及，越来越多的企业正在研究和开发并最大化保护无形资产，特别是数据资产价值，因为所有数字技术都是以数据为基础的。

在此背景下，数据作为一种重要的无形资产，被认为是关键的商业资源，因为它可以使组织的生产力最大化。在市值排名前五的公司中，有四家是数据公司（Investopedia，2022）。加拿大丰业银行（Scotiabank）的首席执行官Brain Porter在2019年表示，“我们从事的是数据和技术业务。我们的产品恰好是银行业务，但主要是通过数据和技术来提供”（Berman，2016）。AIG和Hamilton Insurance Group宣布成立合资公司Attune，这是一个利用数据和人工智能（AI）来简化业务流程、缩短获得保险的时间并减少成本的技术平台。油田服务公司Schlumberger利用模拟器和传感器中捕获的钻井遥测数据来提高油井钻探性能。数据已经成为提高企业业务绩效的关键驱动力，更是改善企业业务绩效的关键因素，高质量的数据可以增加企业收入、降低成本和降低风险。

数据经济生态系统，即利用数据促进业务绩效的生态系统，越来越受到全球认可。Netflix、Facebook、Google 和 Uber 等公司利用数据获得了独特的竞争优势。谷歌研究总监彼得·诺维格（Peter Norvig）曾表示，“我们没有比其他公司更好的算法，我们只是拥有更多的数据”（Cleland，2011）。到 2021 年，谷歌市值已经超过了墨西哥或沙特阿拉伯的国内生产总值。以数据为驱动力的公司表现出更好的业务绩效，麻省理工学院的一份报告称，数据利用率高且数字化成熟的企业比同行企业利润高出 26%（MIT，2013）。麦肯锡全球研究所的研究发现，以数据为驱动力的组织获取客户的可能性是普通组织的 23 倍，保留客户的可能性是普通组织的 6 倍，并且盈利能力是其他公司的 19 倍（Bokman 等，2014）。Forrester 的研究发现，利用数据进行决策的公司实现两位数增长的可能性是其他公司的 3 倍（Eveslon，2020）。在大规模应用大数据后，美国保险委员会协会（NAIC）表示保险服务的获取率提高了 30%，成本节约了 40%~70%，麦肯锡公司的一项研究表明，在石油和天然气公司中有效实施数据分析，可以在几个月内产生相当于投资额 30~50倍的回报（McKinsey，2017）。

然而，大多数公司都面临将数据转化为业务绩效增长的挑战，这主要是由于缺乏高质量的数据。根据精品数据管理公司 Experian Data Quality 的说法，不准确的数据影响了 88%的组织，影响收入高达 12%（Levy，2015）。麦肯锡公司指出，平均每个用户每天要花费 2 小时来查找正确的数据（Probstein，2019）。《哈佛商业评论》发表的一份报告称，在企业中只有 3% 的数据符合质量标准（Nagle 等，2017）；而 IBM 和卡内基梅隆大学联合进行的一项研究发现，公司中有超过 90%的数据处于未被使用的状态。

1.2 数据、数据分析、人工智能和业务绩效

你不能将数据与人工智能分开，也不能将人工智能与数据分开。所有人工智能解决方案的最终产品都是数据，并且这些数据将再次被人工智能使用。

数据是企业利用人工智能（AI）进行数据分析，以及最终改善业务绩效的基础。这里的 AI 指的是机器模拟人类智能，包括认知过程，尤其是计算机系统。它所依据的原则是，可以用一种方式定义人类智力，使得机器可以轻松地模仿它并做出决策，从而执行简单或复杂的任务。如今，各种应用中都在广泛使用 AI 技术，但复杂程度各不相同，从奈飞（Netflix）的推荐算法到 Alexa 的聊天机器人，再到自动驾驶汽车、欺诈预防、个性化购物等方面。

分析是提出问题以获取决策洞察的过程。没有问题无从分析。

利用人工智能和数据分析算法可获取数据并寻找有用的模式来查看未来状态以促进决策或预测。换句话说，从数据中识别模式和做出决策是人工智能的基础。要使这些模式和决策可靠，应具有高质量数据。人工智能在业务中非常重要，因为它可以让企业深入了解其运营情况。

在某些情况下，人工智能甚至可以比人类更擅长执行任务，特别是当涉及重复性和基于规则的任务时。就业务绩效而言，人工智能和数据分析支持三类广泛而基本的业务需求：自动化业务流程、通过数据获得对业务绩效的洞察和与利益相关者（包括客户、员工、供应商以及其他合作伙伴）进行互动。总之，成功的人工智能依赖于模式，而从分析中得出的模式则依赖于高质量的数据。

1.3 数据作为业务资产或负债

虽然数据可以成为有价值的业务资产，提供有形的业务绩效，但它也存在一些重要的限制，如果管理不当，则可能会变成巨大的负债（Southekal，2021）。有以下四种常见情况：

（1）缺乏明确的业务目的而收集数据，导致数据量巨大，最终增加数据管理的复杂性和成本。根据德勤公司在 2018 年发布的报告，公司的平均 IT 支出占总收入的 3.3%，并将以平均每年增加 49%的趋势上涨。导致如此高速增长的 IT 支出的一个重要原因，是巨量数据的处理。此外，如果采集的数据没有确定的用途，就会一直被闲置。Forrester曾发现，公司中高达73%的数据从未被严格使用；而IBM和卡内基梅隆大学的研究显示，一个组织中90%的数据是未使用的数据或“暗数据”（Southekal，2020）。

（2）存储、安全保障和处理数据需要消耗大量能源，从而增加企业的碳排放。这使得投资者对于ESG（Environment，Social，and Governance，即环境、社会和治理）承诺的兴趣日益增长，而对数据的投资不再感兴趣。据报道，2018年全球所有电力消耗中约1%用于运行数据中心。根据瑞典研究员Anders Andrae的预估，在2025年之前，全球所有碳排放量中3.2%将由数据中心贡献，消耗了全球电力的20%（Southekal，2020）。

（3）拥有大量数据的组织往往更会吸引网络犯罪分子。过去几年中发生的许多网络犯罪和数据泄露事件，都与拥有大型数据库的组织有关。这些网络犯罪分子并不在乎数据是否为“暗数据”，他们会获取所有能够获取的数据。在2017年遭受数据泄露后，Equifax花费了14亿美元来改善他们的技术基础设施。

（4）管理数据还需要考虑遵守隐私合规性成本。正如《财富》杂志所指出的那样，在剑桥分析公司的数据丑闻后，Facebook市值损失了350亿美元。此外，该丑闻还导致剑桥分析公司永久关闭。虽然数据是剑桥分析公司获得成功和收入增长的原因，但同样的数据也导致了它的崩溃和最终倒闭。

如果数据得到良好管理，那么它就是一项资产；否则，管理不当的数据在业务中就是一种负债。仅仅采集和存储数据并不能使一个组织成为数据驱动型组织。

数据是一种有价值的资源，并且具有成为企业宝贵资产的潜力。然而，仅仅采集和存储数据并不能使数据成为有价值的资产，也不能使企业成为数据驱动型企业。只有在有意识地采集和精心管理，将高质量的数据用于业务运营时，数据才是企业的资产。如果没有妥善地管理数据，则可能会导致巨大负债，从而威胁企业的生存。

1.4 数据治理、数据管理和数据质量

前面的章节讨论了数据管理对增强业务能力的重要性。但什么是数据管理？它与数

据治理有什么关系？在实现高质量数据的过程中，数据治理、数据管理和数据质量在实施过程中需要相互结合才能带来数据的最大价值。

（1）数据管理涵盖了组织必须采取的原则、实践、程序、系统和流程，以保证数据在从创建到清除的整个生命周期中得到有效运营和管理。数据管理根据组织的数据战略，可实现安全高效地收集、保留和使用数据。Gartner 指出，数据管理包括实践、架构技术和工具，旨在实现在企业中对各种数据主题和数据结构类型的一致性访问和交付，以满足所有应用程序和业务流程的数据消费需求（Gartner，2022）。

（2）数据治理是数据管理的子领域。当企业拥有数据并对其进行管理时，数据治理才能发挥作用。数据治理包括组织架构、数据所有者、制度、规则、流程、业务术语，以及整个生命周期中所涉及的度量标准等。数据生命周期包括收集、存储、使用、保护归档与删除，将在第 5 章中详细介绍。数据治理在实现和维持高质量数据方面的作用，将在第 10 章中详细讨论。

（3）那么，数据治理活动的成功标准是什么？答案是为业务提供高质量的数据。从根本上讲，如果数据满足使用要求，它就可以被认为是高质量的数据，这在运营合规性和决策制定方面非常重要（Southekal，2017）。

通过数据管理和数据治理的协同来努力提高数据质量是必要的。例如，公司的业务战略和数据战略可能会宣布：高质量产品来自产品数据及相关生产过程。为了实现这个目标，通过数据管理可确保产品数据属性的完整性并消除不准确性和重复性，还可将多个 IT 系统和电子表格中的产品数据属性集成到一个统一的视图中等。在这方面，公司需要确定如何管理对产品数据有影响的相关 IT 系统，并致力实现高质量的产品数据。

业务战略推动数据管理，数据管理推动数据治理，而数据治理的结果是高质量的业务数据。

要实现高质量的产品数据，需要数据治理团队和领导层的协作努力。数据管理有助于确保产品主数据的可用性，而数据治理团队要与相关业务利益相关者合作，定义优质产品数据的标准；IT 团队将帮助实施统一产品视图的数据集成程序；数据安全团队则关注数据共享和访问控制机制等方面。总体而言，数据治理团队制定业务规则以维护和管理高质量数据的状态。如果缺乏数据管理和数据治理团队的支撑，组织无法信任其所拥有的数据，因此也无法保证其数据质量。业务愿景和战略驱动数据管理，而数据管理推动数据治理，最终通过高质量数据来提升业务绩效。图 1.1 显示了数据管理、数据治理和数据质量之间的关系。

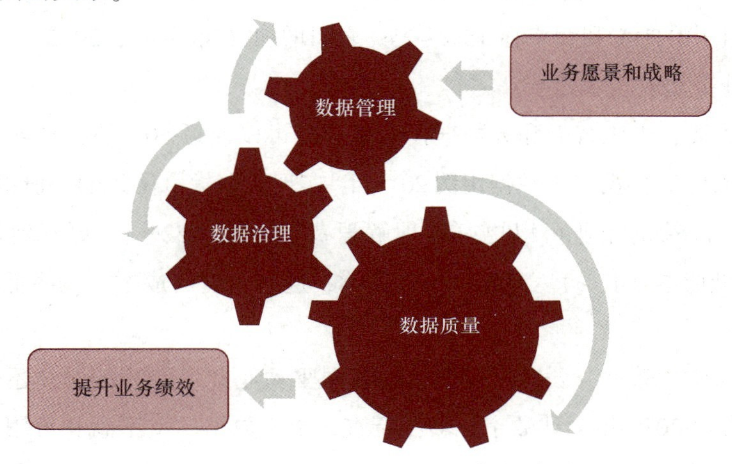

图 1.1　数据管理、数据治理和数据质量之间的关系

1.5　领导层对数据质量的承诺

今天，大多数业务部门领导都理解数据质量在推动业务方面的作用和重要性。但是他们通常更关注其他业务的优先事项，因此只有在业务部门支持的情况下，数据质量举措才能有效实施。例如，为什么首席营收官（CRO）应该花时间改善销售数据质量，而不是致力于培训销售团队、预测和跟踪销售，设定销售目标以及与潜在客户和增加销售相关的更多问题？同样，为什么首席财务官（CFO）应该担心数据质量，而不是花时间审查公司的财务表现？对于业务领导而言，为什么应该关注数据质量而不是将时间和精力集中在其他核心业务举措上？数据质量对提高业务绩效有何影响呢？从根本上说，每个企业实体都有三个主要目标：

- 推动营收和利润增长。
- 减少运营开支（OPEX 和 CAPEX）以及销售商品成本（COGS）。
- 缓解风险并保护业务。

让我们首先了解高质量数据如何实现业务增长，也就是如何提高收入。

（1）一份由 CGT（消费品技术）发布的报告称，当数据和数据分析在企业内被广泛应用时，可以实现 5%～10%的收入增长和最多 6%的 EBITDA 利润率增长（CGT，2021）。根据麦肯锡公司的评估，使用数据驱动的 B2B 销售增长引擎的公司报告超过市场平均水平的增长，并且 EBITDA 利润率在 15%～25%之间增加（Böringer，2022）。基本上，高质量数据对实现业务增长至关重要。

（2）研究表明，人工智能和大数据技术相结合可以使近 80%的物理或手动工作自动化（Forbes，2021）。根据“大数据用例 2015 年–实现数据货币化”的一份报告显示，40%的利用数据进行决策的企业可以更好地理解消费者行为（52%）、更好地做出战略决策（69%）以及降低成本（47%）。此外，报告还称，这些企业的成本平均降低了 10%（Tableau，2019）。

（3）没有高质量数据，公司不仅会错过数据驱动业务发展的机遇，还会浪费资源和人力。根据麦肯锡 2019 年全球数字化转型调查，由于数据质量不高和可用性差，导致企业有平均 29%的时间花在非增值任务上（McKinsey，2020b），如图 1.2 所示。

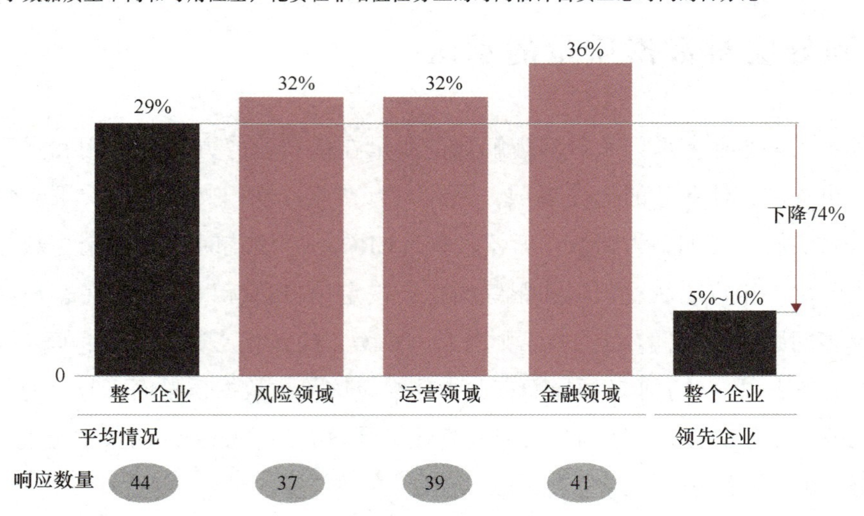

图 1.2　麦肯锡 2019 年全球数字化转型调查

除增加收入和降低成本外，数据在保护业务免受风险方面也发挥着巨大作用。随着企业越来越多地收集消费者相关的行为数据，监管机构需要更深入地了解行业中可以使用哪些数据、如何使用这些数据，以及保险公司是否能使用这些数据。这意味着保有数据也存在风险，并且遵守法规要求对于经营业务至关重要。据报道，2014年，Home Depot因一次数据泄露事件向信用卡公司和银行支付了至少1.345亿美元。零售巨头亚马逊2021年的财务记录显示，因违反《通用数据保护条例》（GDPR）而被卢森堡官员罚款8.77亿美元（Hill，2022）。同时，监管合规性不仅涉及隐私数据，还适用于涉及生命和环境的各种类型的数据。例如，总部位于加拿大阿尔伯塔省的石油公司Nexen在2015年7月泄漏了超过31500桶原油后，阿尔伯塔省能源监管机构（AER）下令立即暂停发给Nexen的15个管道许可证，原因是缺乏维护数据记录。这意味着每个企业领导者都需要知道如何根据运营和法规要求收集、存储和保护数据，以保持业务经营的连续性。只有高质量的数据，才能帮助企业避免此类业务风险。

提高数据质量应该是所有企业的首要任务。数据质量管理是一项企业责任。这是因为高质量的数据促进了企业收入和利润的增长，降低了运营开支（OPEX和CAPEX）以及销售成本（COGS），从而降低风险，进而保护企业。

总之，低质量的数据会对业务绩效的许多方面产生不利影响，包括错失机遇、增加支出、损害运营、增加风险和导致糟糕的决策。因此，确保高质量数据不仅是IT或数据团队的责任，也是每个人在企业中的首要任务。只有确保高质量的数据，企业才有可能在竞争激烈的市场中生存和发展，并提高客户满意度和把握业务成功的机会。

1.6 关键要点

那么，我们从这一章中学到了什么？以下是一些关键要点：

（1）数据对整个业务价值链具有重要作用。尽管每家企业都可能成为数据驱动型的企业，但是很多企业一直受到低质量数据的困扰，影响了业务绩效。

（2）由于数据分析和人工智能会对业务绩效产生深远影响，所以企业必须拥有高质量的数据。

（3）数据管理、数据治理和数据质量既是独立的也需要共同协作。高质量的数据是数据治理和数据管理最佳实践的成果。

（4）提高数据质量应该成为所有企业的首要任务。数据质量管理是一项企业责任。高质量的数据会推动业务收入和利润的增长、降低运营开支（OPEX）和销售商品成本（COGS），并减少风险。

1.7 结论

今天，仅仅获取和存储数据并不能使数据成为有价值的企业资产，也不能使企业变成数据驱动型企业。只有当数据被有意识地获取和精心管理，使高质量的数据可以用来运行和维持业务时，它才是一种企业资产。如果数据不能被妥善管理，就可能会成为一个巨大的负债，威胁企业生存。妥善的数据管理和治理实践能够产生高质量数据，并用于人工智能和数据分析。这些高质量的数据将为人工智能和分析解决方案提供动力，显著改善业务绩效，包括增加收入、降低开支和降低风险。

参考文献

Ali, A. (November 2020). The soaring value of intangible assets in the S&P 500. https://www.visualcapitalist.com/the-soaring-value-of-intangible-assets-in-the-sp-500/.

Apte, P. (February 2022). How AI accelerates insurance claims processing. https://venturebeat.com/2022/02/02/how-ai-accelerates-insurance-claims-processing/.

Asay, M. (August 2021). How Moderna uses cloud and data wrangling to conquer COVID-19. https://www.techrepublic.com/article/how-moderna-uses-cloud-and-data-wrangling-to-conquer-covid-19/.

Balasubramanian, R., Libarikian, A., and McElhaney, D. (March 2021). Insurance 2030: the impact of AI on the future of insurance. https://www.mckinsey.com/industries/financial-services/our-insights/insurance-2030-the-impact-of-ai-on-the-future-of-insurance.

BCG. (2021). Overcoming the innovation readiness gap. https://www.bcg.com/en-ca/publications/2021/most-innovative-companies-overview.

Berman, D. (July 2016). Shaking up Scotiabank: three exclusive insights into CEO Brian Porter's revolution. https://www.theglobeandmail.com/report-on-business/shaking-up-scotiabank-three-exclusive-insights-into-ceo-brian-porters-revolution/article31094316/.s.

Bokman, A., Fiedler, L., Perrey, J., and Pickersgill, A. (July 2014). Five facts: how customer analytics boosts corporate performance. https://mck.co/2Ju0xYo.

Böringer, J., Dierks, A., Huber, I., and Spillecke, D. (January 18, 2022). Insights to impact: Creating and sustaining data-driven commercial growth. McKinsey & Company. https://www.mckinsey.com/business-functions/growth-marketing-and-sales/our-insights/insights-to-impact-creating-and-sustaining-data-driven-commercial-growth.

CDO. (January 2022). Designing and building a data driven organization culture – a best practice case study. https://www.cdomagazine.tech/cdo_magazine/editorial/opinion/designing-and-building-a-data-driven-organization-culture-a-best-practice-case-study/article_96fdad00-6349-11ec-bd2c-ef6d18bc1631.html.

CGT. (2021). "Learn how Tyson Foods' appetite for data is customer-driven. https://consumergoods.com/learn-how-tyson-foods-appetite-data-customer-driven.

Cleland, S. (October 2011). "Google's infringenovation secrets. https://www.forbes.com/sites/scottcleland/2011/10/03/googles-infringenovation-secrets/?sh=7099cd1130a6.

Evelson, B. (May 2020). Insights investments produce tangible benefits – yes, they do. https://www.forrester.com/blogs/data-analytics-and-insights-investments-produce-tangible-benefits-yes-they-do/.

Forbes. (April 2021). Utilizing AI and big data to reduce costs and increase profits in departments across an organization. https://www.forbes.com/sites/anniebrown/2021/04/13/utilizing-ai-and-big-data-to-reduce-costs-and-increase-profits-in-departments-across-an-organization/?sh=6269df516af7.

Gartner. (March 2022). Data management (DM). https://www.gartner.com/en/information-technology/glossary/dmi-data-management-and-integration.

Heale, B. (May 2014). Data quality is the biggest challenge.https://www.moodysanalytics.com/risk-perspectives-magazine/managing-insurance-risk/insurance-regulatory-spotlight/data-quality-is-the-biggest-challenge.

Hill, M. (September 2022). The 12 biggest data breach fines, penalties, and settlements so far. https://www.csoonline.com/article/3410278/the-biggest-data-breach-fines-penalties-and-settlements-so-far.html.

IDC. (October 2019). Enterprise transformation and the IT industry. https://www.businesswire.com/news/home/20191029005144/en/IDC-FutureScape-Outlines-the-Impact-Digital-Supremacy-Will-Have-on-Enterprise-Transformation-and-the-IT-Industry.

Investopedia. (March 2022). Biggest companies in the world by market cap. https://www.investopedia.com/biggest-companies-in-the-world-by-market-cap-5212784.

Insurance Information Institute, Ⅲ. (August 2022). Insurance fraud. https://www.iii.org/article/background-on-insurance-fraud.

Levy, Jeremy. (July 2015). Enterprises don't have big data, they just have bad data. http://tcrn.ch/2iWcfM5.

McKinsey. (October 2017). Why oil and gas companies must act on analytics. https://www.mckinsey.com/industries/oil-and-gas/our-insights/why-oil-and-gas-companies-must-act-on-analytics.

McKinsey. (June 2020a). Designing data governance that delivers value. McKinsey Digital.

McKinsey. (June 2020b). Insights to impact: Creating and sustaining data-driven commercial growth." https://www.mckinsey.com/business-functions/growth-marketing-and-sales/our-insights/insights-to-impact-creating-and-sustaining-

data-driven-commercial-growth.
MIT. (August 2013). Digitally mature firms are 26% more profitable than their peers. https://bit.ly/2xBTPNe.
Nagle, T., Redman, T., and Sammon, D. (September 2017). Only 3% of companies' data meets basic quality standards. *Harvard Business Review.* https://bit.ly/2UxaHO4.
NAIC. (May 2021). Big data. https://content.naic.org/cipr_topics/topic_big_data.htm.
Probstein, S. (December 17, 2019). Reality check: Still spending more time gathering instead of analyzing. https://www.forbes.com/sites/forbestechcouncil/2019/12/17/reality-check-still-spending-more-time-gathering-instead-of-analyzing/?sh=154dc44228ff.
Southekal, P. (2017). *Data for business performance*. Technics Publications.
Southekal, P. (2020). *Analytics best practices*. Technics Publications.
Southekal, P. (September 2020). Illuminating dark data in enterprises. https://www.forbes.com/sites/forbestechcouncil/2020/09/25/illuminating-dark-data-in-enterprises/?sh=39c4a7f6c36a.
Southekal, P. (April 2021). Can data be a liability for the business? https://www.forbes.com/sites/forbestechcouncil/2021/04/06/can-data-be-a-liability-for-the business/?sh=63eabd9e3c44.
Tableau. (2019). Big data use cases: getting real on data monetization. https://www.tableau.com/learn/whitepapers/big-data-use-cases-getting-real-data-monetization.

2

第2章 业务数据

2.1 引言

现今，数据触及业务价值链的方方面面。例如，在保险行业中，数据能影响投保人、代理人、理赔员、评估师、精算师等，提供个性化保险政策，减少管理风险，优化承保决策支持以及更快进行索赔处理和结算等。在石油和天然气行业中，企业使用大量数据来满足监管要求并更好地利用资产，做出更明智的勘探和生产决策，理解工厂的运营数据，改进供应链等。电子商务和零售企业利用数据优化客户服务，并提供增强的购物体验和渠道体验，从而提高客户满意度和留存率。总之，只有在数据质量良好的情况下，企业才能了解客户需求、预测客户行为模式、改进产品与服务质量、降低支出和成本、减少风险、开发新产品和服务，以及增强员工参与度等。

2.2 业务中的数据

无论你处于哪个行业，企业的成功和业绩的增长可归结为三个基本问题：

- 谁是有价值或有利可图的客户？
- 如何维系（并从中增加）这些有价值的客户？
- 如何找到更多这样的客户？

这些基本问题的答案，关键在于高质量数据。一家典型企业需要管理四种类型的数据。

1. 零方数据

零方数据是指企业直接通过调查活动、社交媒体投票等方式分享的关于顾客偏好、兴趣和意向的数据。此类数据可以帮助企业提供教育性内容，为客户和潜在客户创造更好的体验，提高营销活动的效果。在销售和营销领域，零方数据主要涉及潜在客户或销售线索。而在采购领域，零方数据则与请求提案（RFP）、请求报价（RFQ）或请求信息（RFI）有关。

2. 第一方数据

第一方数据是组织直接在经营业务中收集的数据，包括合同、订单、发票、购买历史记录、支付数据、邮件活动、通过 Cookie 的网络行为、CRM（客户关系管理）数据、索赔数据等。财务报告和遵守 GAAP（普遍公认的会计原则）及 IFRS（国际财务报告准则）等会计标准都基于第一方数据。第一方数据不仅价值非常高且具有成本效益。此外，围绕第一方数据的数据隐私问题相对较小，因为数据的来源是确定的，并且完全由组织拥有。

3. 第二方数据

第二方数据是由合作伙伴公司通过特定协议或合作收集、拥有和管理的信息。它是可用于业务活动的公司合作伙伴（如代理商、分销商、经销商等）的第一方数据。例如，保险代理人是负责为保险计划识别销售机会并监督客户组合的外部实体。如果 Allstate 和 Liberty Mutual 等保险公司使用由代理人创建和拥有的数据，则该数据可视为第二方数据。同样，在石油和天然气行业中，EPC（工程、采购和建设）公司如 Worley-Parsons 和 Fluor 通常负责 Shell 或 Chevron 等石油公司的勘探与生产项目。EPC 公司创建的图纸和规格成为石油公司的第二方数据。在零售行业中，分销商和经销商（如英迈和百思买）的产品营销及客户资料则成为原始设备制造商（OEM）（如 Microsoft、Dell 和 Samsung）的第二方数据来源。

4. 第三方数据

第三方数据通常从多个来源的数据汇总而来，包括从各种平台、移动应用程序、网站和数据产品中收集的联系人、人口统计、位置、天气、心理等数据。虽然其他三种数据类型（即零方数据、第一方数据和第二方数据）可能更准确且包含上下文语境，但这些数据类型无法与第三方数据的数量和多样性相媲美。例如，在评估抵押贷款申请时，抵押贷款公司会大量依赖来自信用局的客户信用历史记录等第三方数据。

大多数第三方数据是通过第三方 Cookie 收集的。但近年来，监管机构一直在打击使用第三方数据的行为，因为这会涉及消费者隐私问题，并且浏览器正在停止使用第三方 Cookie。其中，Safari 和 Firefox 已经限制它们的使用，谷歌也计划通过其 Chrome 浏览器在 2023 年之前淘汰第三方 Cookie 和相关数据。

理想情况下，企业将会使用以上这四种类型的业务数据。每种类型都有其自身的优缺点。表 2.1 对这四种业务数据类型的优缺点进行了比较。

表 2.1 四种业务数据类型的优缺点

业务数据类型	优　点	缺　点
零方数据（ZPD）	• 上下文相关，与未来业务增长和合作伙伴关系相关	• 由于交易双方之间没有商业交易，因此难以衡量和使用
第一方数据（FPD）	• 完全所有权和独占所有权 • 反映在业务绩效（和财务报告）中	• 依赖高质量的数据 • 范围和规模有限
第二方数据（SPD）	• 数据管理成本低，因为数据由合作伙伴管理	• 控制权在企业之外，这可能导致潜在的数据集成问题
第三方数据（TPD）	• 容易获取 • 数据集选择广泛	• 缺乏透明度；风险和数据质量可能存在巨大差异 • 价值一般，因为这些数据也可以被竞争对手访问

四种业务数据类型与数据量的关联及其业务影响如图 2.1 所示。

总之，零方数据和第一方数据是业务中最可靠的数据来源，因为它们是为满足内部特定需求而产生和采集的；第二方数据来自合作伙伴，通常不太可靠；第三方数据则是从相对未知的来源获取的数据，其可靠性和信任度最低。此外，作为数据产品提供的第三方数据存在风险，必须确保所使用的第三方数据按照隐私政策和其他监管要求进行处理，以避免潜在的风险。

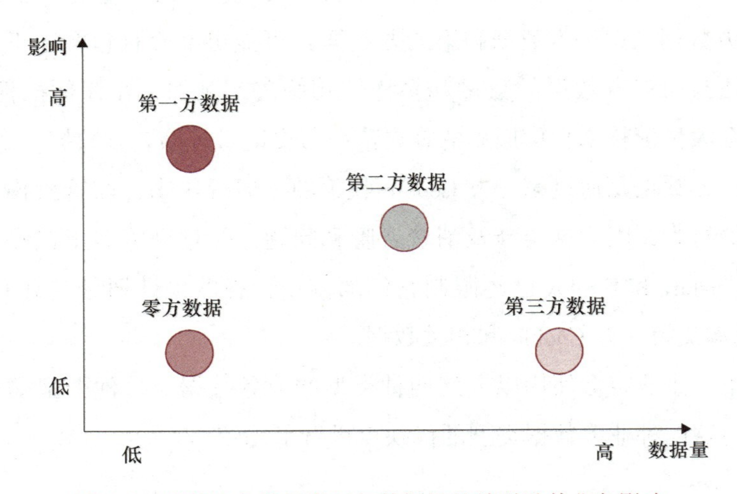

图 2.1　四种业务数据类型与数据量的关联及其业务影响

2.3　遥测数据

前面讨论的四种类型的业务数据，主要是从手动创建的离散数据角度进行讨论。但现如今，数十亿个物联网设备在全球范围内部署，自动生成用于各种业务的大量数据。这些物联网设备可以是无线传感器、执行器、智能手机、相机、警报、车辆、家用电器等，它们可以定期获取数据。这些物联网设备生成的时间序列数据可以用于观察和监测这些设备的性能，这些数据被称为遥测数据（Telemetry Data）。使用物联网或遥测数据的公司可以从许多方面获益，包括实现运营效率、提升客户体验、节约成本、通过主动设备维护减少事故等。根据 Statista 的数据分析，到 2025 年，全球数据总量预计将达到 181ZB（计算机存储容量单位），其中仅物联网设备就有 73.1ZB（Statista，2022）。这表示，遥测数据将约占据企业数据总量的 40%。

遥测数据采用无线机制采集，如无线电波、超声波或红外系统，这些采集方式有助于企业访问具有位置和规模限制的数据。在物联网领域，几乎任何物理对象都可以转换为 IoT 设备，只要它能够连接到互联网。在企业中，有四种类型的遥测或物联网数据需要管理，包括指标（Metric）、事件（Event）、日志（Log）和追踪（Trace），简称 MELT。针对这些数据类型，Datadog 和 Splunk 等公司提供了完整的解决方案用于监控和分析各种 IoT 设备生成的数据。

（1）指标数据代表设备性能的度量，通常对一段时间内的数据进行计算或聚合。

（2）事件数据与在特定时间发生的离散动作相关。事件数据具有很高的价值，可以通过数据时间戳属性来确认特定动作或事件是否在特定时间点发生。事件数据还可以包括位置数据，即物联网设备的地理位置。尽管事件是细粒度数据，但指标数据则是汇总数据。

（3）日志数据是基于事件的异常记录，以非结构化格式记录，并且本质上由文本行组成。日志始终与事件相关联，一个事件可能有多行日志。日志记录了关于特定时间所发生事件的详细信息，提供了非常有价值的信息。

（4）追踪数据可以在任何给定时间点深入了解整个物联网系统的运行情况。追踪数据是整个物联网生态系统中不同组件之间事件因果链的样本，在整个物联网生态系统中发挥着重要作用。

2.4 数据在业务中的用途

总体而言，前面讨论过的不同类型的数据，在业务应用中有三个主要用途：运营、合规和决策（Southekal，2017）。

1. 运营

运营是企业每天从事的一系列活动或业务流程，旨在增加企业价值并获得利润。这些流程可以是业务流程，如产品开发、制造、销售和市场营销，也可以是职能流程，如行政、人力资源和财务。通过整体运营优化活动，企业可以产生足够的收益来支付成本并获得利润。

2. 合规

合规旨在确保公司遵守相关法规、标准、法律和内部政策。法规对于企业正常运转至关重要，因为它们支撑着市场、维护着公民权利和安全，并保障着公共产品和服务的提供。具体而言，合规主要指监管合规，包括：

（1）数据隐私法规，如 CCPA（加利福尼亚州消费者隐私法），GDPR（通用数据保护条例）等。

（2）金融监管标准和市场行为，如 NAIC（美国保险委员会协会）、PCI DSS（支付卡行业数据安全标准）等。

（3）投资者保护法规，如偿付能力标准（美国 Solvency、欧盟 Solvency Ⅱ等）、FINRA（金融业监管机构）、SEC（证券交易委员会）等。

3. 决策

数据在业务应用中的第三个用途是依靠从数据和数据分析中得出的洞察力进行决策。这些洞察力可以基于描述性、预测性和指导性的分析活动（Southekal，2020）。

（1）描述性分析使用探索式分析、关联分析和推断统计学（假设检验）等技术回顾历史表现。描述性分析回答“发生了什么?”这个问题。

（2）预测性分析根据回归、趋势分析以及其他数据驱动的机器学习技术等方法，预测未来最可能发生的事情。预测性分析旨在回答“未来会发生什么?”这个问题。

（3）指导性（或建议性）分析推荐人们可采取哪些行动来影响结果。指导性（或建议性）分析旨在回答“我们需要做什么才能实现这个目标?”这个问题。

在业务中，一旦采集的数据量达到一定的规模，就会进行数据分析。因此，数据分析是数据的副产品。

通常情况下，为运营和合规采集的数据达到一定规模，就有机会利用决策分析来获取见解和数据中蕴含的模式。例如，保险公司创建家庭保险单，主要是为了满足运营和合规要求。一旦保险公司出售的家庭保险单达到一定规模，就可以根据相关的业务问题得出模式、推断、相关性、预测、异常值等见解。

2.5 业务数据视角

用于运营、合规和决策的数据，可以从存储、集成、合规、分析四个视角进行查看。

2.5.1 存储视角

每个业务都是结构化和非结构化数据的组合，其中一些数据是结构化的，但大多数数据是非结构化的。

1. 结构化数据

结构化数据存储在关系数据库和电子表格中，形式上被高度组织并格式化，因此更方便进行检索。在技术上，一个关系数据库被称为关系数据库管理系统（RDBMS），它是具有预定义关系的一组数据项的集合。这些数据项被组织成带有列和行的表，而表存储是与数据库对象相关联的数据。结构化数据的主要优势是可以被高效地查询。结构化数据的示例包括客户名称、保单日期、年龄、客户地址、信用卡号码、社会安全号码（SSN）、车辆识别号（VIN）等。

2. 非结构化数据

非结构化数据包括文本、图像、音频文件和视频文件。这些数据没有预定义的格式或组织形成，因此它们更难被收集、存储、处理和分析。管理非结构化数据通常需要一种称为分类法的层次结构。最近的预测表明，非结构化数据占企业所有数据的80%以上。由于非结构化数据缺乏预定义的数据模型，因此最好使用非关系型数据库（NoSQL）进行管理。

2.5.2 集成视角

几乎每家公司的数据都以多种类型和格式存在，并且分布在不同系统中。必须将这些数据集成到一起才能应用于运营、合规或是决策。从集成视角看主要有四种数据类型：

参考数据、主数据、交易数据和元数据。

1. 参考数据

参考数据是一组对业务数据进行分类的允许值，例如，业务类别中的产品类型、账户类型、性别、货币种类、设备类型等。从技术上讲，参考数据由下拉值、状态或分类模式组成，并具有两个关键特征：

（1）参考数据的第一个关键特征是它依赖于内部和外部的数据标准。例如，ISO 3166 定义了国家代码，ISO 2022 定义了计量单位代码。其他类型的参考数据，如采购组织、销售办事处和员工职位，则属于公司内部，要遵循该组织的内部标准。

（2）参考数据的第二个关键特征是它对业务流程的影响。例如，当引入新的产品类别时，新类别的一些特征将不可避免地导致相关产品管理流程发生改变。

2. 主数据

主数据是企业中跨多个系统、业务线（LoB）、业务功能和业务流程使用的业务实体数据。主数据被认为是企业的支柱，通常被称为“黄金记录”或“事实的单一版本”。根据 Gartner 的定义，主数据是描述企业核心实体的一致和统一的标识符及扩展属性集，并在多个业务流程中使用（Gartner，2021）。主数据是业务数据的单一和权威来源，它主要分为三种类型：

- 人员，包括客户、代理商、雇员和供应商等。
- 物品，包括产品、保单、设备和物理资产等。
- 概念，包括合同、保修、总账科目、利润中心、索赔和许可证等。

3. 交易数据

主数据是关于业务实体的数据（通常是名词），但交易数据则涉及业务事件或活动（通常是动词）。交易数据是从业务活动或交易中捕获的信息。换句话说，交易数据是各种应用程序在运行或支持购买、贸易和销售等日常业务活动时产生的数据。交易数据具有五个主要特征：

- 它涉及业务资源。

- 它记录了财务价值。
- 它是交易双方之间的合规文件。
- 它对会计有双重影响。
- 它促进绩效管理和决策制定。

基本上，交易数据与外部环境相关，因为它是一份合规性或法律记录。交易数据通常使用参考数据和主数据来创建，以记录特定的业务事件或交易。顺便说一下，在企业中管理的大多数数据都属于交易数据。例如，发给客户的保险单就属于交易数据；销售订单、采购订单和供应商发票也都属于交易数据；通过社交媒体平台进行的客户互动的行为数据，因与时间相关，也属于交易数据。

纵向数据分析是在不同的时间点上分析相同的测量实体。横向数据分析是在特定时间点上分析不同的测量实体。

在这种背景下，与交易数据密切相关的是纵向数据分析和横向数据分析。纵向数据或面板数据是通过在给定时间范围内对同一主体（如客户、产品或合同）进行一系列重复观察而收集的数据。纵向数据分析实际上是跟踪相同实体随着时间的变化，横向数据分析则与之完全不同，它分析的是在特定时间点不同的主题（无论是客户、公司还是地区）。横向数据分析在单个时间点完成而在非时间段内。每次进行分析时，横向数据分析都会获取新的数据，而纵向数据分析则会在多个时间段内跟踪同一样本。横向数据分析可用于从多角度分析业务，如收入、成本、库存等，而纵向数据分析则可用于分析诸如公司 2019 财年、2020 财年和 2021 财年的收入。基本上，纵向数据分析是在不同的时间点重复收集同一实体的数据，而横向数据分析则是在特定的时间点收集不同的数据。

4. 元数据

元数据是“关于数据的数据”。换句话说，元数据用于描述另一个数据元素的内容。ISO 15489 将元数据定义为描述记录的上下文、内容和结构及其随时间管理的数据。从技术上讲，元数据被称为数据字典，主要用于标记、描述或表征其他三种类型的数据——

参考数据、主数据和交易数据。与其他三种类型的数据不同，元数据没有真正的业务实用性，并且总是与其他三种类型数据（参考数据、主数据和交易数据）中的一种或多种数据相结合。

基本上，元数据是“关于数据的数据”，而不是数据本身。元数据管理的两个基本目标如下：

（1）定位和检索业务数据。搜索是数据质量的严峻考验。通过优化查询作者、时间戳、主题、数据类型等元数据属性，有助于更好地搜索和检索业务数据。

（2）使业务数据可用和重复使用。要使业务数据可用并可重复使用，就需要了解数据的结构、定义、起源和获取方式。元数据提供有关业务数据如何结构化、定义、组织等详细信息，以便于实现数据安全性和互操作性，特别是利于数据交换。此外，可以利用元数据标记安全设置、验证访问权限并控制业务数据的分发。

在这方面，ISO/IEC 11179 是管理企业元数据的重要标准。当遵循该标准记录数据时，从不同数据库中查找和检索数据，以及通过电子通信发送和接收数据会变得更加容易。ISO/IEC 11179 的目的就是通过解决数据语义、数据表示和数据注册等问题，使数据易于理解和共享。

元数据可分为三种类型：

（1）技术元数据，用于描述数据的结构，例如：字段长度、类型、大小等。

（2）业务元数据，用于描述数据的非技术方面及其使用，例如：报告名称、文档名称、类别、XML 文档类型等。

（3）操作元数据，描述有关如何以及由谁创建、更新或删除数据对象的详细信息。例如：创建日期和更改日期等相关时间戳属性。

四种数据类型之间的关系如图 2.2 所示。

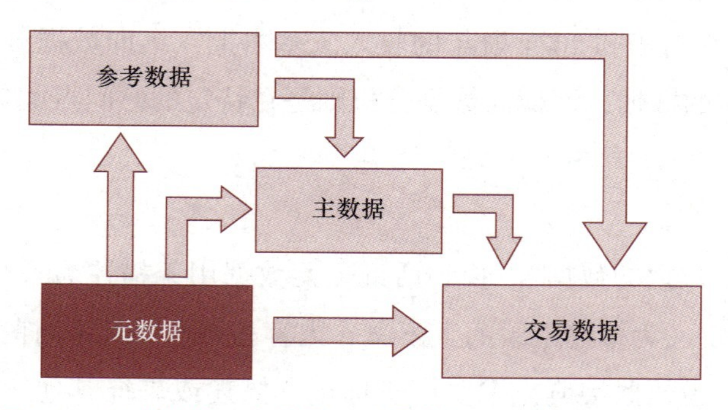

图 2.2 参考数据、主数据、交易数据和元数据之间的关系

表2.2展示了参考数据、主数据和交易数据的关键特征。

表2.2　参考数据、主数据和交易数据的关键特征

特征参数	参考数据	主数据	交易数据
数据量	小	中等	大
寿命	长	中等	短
改动频率	低	中等	高
用途跨度	公司或企业范围	业务范围或公司范围	业务范围
消费者多样性	多	中等	少
数据结构	结构化或半结构化	结构化	结构化或半结构化
管理位置	主数据管理系统	主数据管理系统	应用系统

2.5.3　合规视角

查看业务数据的第三种方式是从合规角度出发。从合规角度来看，可以根据数据的敏感程度对数据进行分类，以便为保护数据建立适当的控制措施。基于合规性的数据可分为四类。

1. 开放数据

未经授权披露、更改或破坏开放数据，不会对公司及其伙伴造成任何风险。开放数据的示例包括新闻稿、产品手册和规格说明、财务报表、位置地址等。许多组织以符合标准、易于获取和重复使用的方式，在线提供他们收集和创建的信息。

2. 个人数据

个人数据或可识别个人身份信息（PII）是指任何直接或间接与个人相关联的数据，如果泄露可能导致潜在危害。

3. 机密数据

当数据的泄露、更改或破坏可能损害公司及其关联方竞争优势时，则该数据就属于机密或隐私。访问此类数据一般基于用户的业务角色，技术上称为基于角色的访问控制（RBAC）。机密数据的示例包括佣金、利润率、员工薪资等。

4. 受限数据

受限数据或敏感数据如果被泄露可能会对公司造成潜在危害。由于存在保密承诺或专有信息，数据也可能存在限制使用的情况。敏感数据的示例包括隐私数据、支付数据、商业机密、设计细节等。

2.5.4 分析视角

数据应用的关键目标之一是利用数据分析衡量和监控业务绩效。从分析角度来看，数据分为四种类型：名义型（Nominal）数据、序数型（Ordinal）数据、区间型（Interval）数据和比率型（Ratio）数据。

1. 名义型数据

名义型数据是一种分类数据，它代表事物的性质或规定的类别，此类数据不涉及数字值，不具有内在的顺序或排名。由于缺乏具体的数值含义，名义型数据的特点是不能进行数学统计运算，如加法、减法、乘法和除法。名义型数据的例子包括性别、产品描述、客户地址等。

2. 序数型数据

序数型数据表示值的顺序，但值与值之间的差异并未明示。这里常见的例子是根据市值、供应商付款条件、客户满意度得分、交付优先级等对公司进行排名。

3. 区间型数据

区间型数据是指没有零值的有限数值。这意味着如果存在零值，则实体将不存在。例如，公司的员工人数就是区间型数据。如果公司的员工人数为零，则表示该实体（即公司）实际上不存在。

4. 比率型数据

比率型数据具有区间型数据的所有性质，而且区间值有一个有意义的零值。例如，公司利润为零意味着公司没有赚到任何钱，但即使利润为零，公司仍然可以存在。

通常来说，区间型和比率型数据表示数值或定量值，适用于统计分析，并且这两种类型可以细分为连续型数据或离散型数据。

2.6 业务数据的关键特征

正如前面所讨论的，任何类型的数据都是对真实世界中的某个类别、实体或事件的记录，或者说是以有意义的格式记录下来以便进一步处理。然而，要充分挖掘业务数据价值，必须确保其具有较高的质量。在探讨数据质量之前，我们先了解一下业务数据的关键特征。

1. 业务数据总是存在延迟

业务数据是对过去事件和情况的记录。这种滞后或延迟可能为几秒钟、几分钟，甚至数天或数月。很少有关于企业未来状态的数据被记录下来。

2. 业务数据的收集是有目的的

业务数据是有意收集的，以满足当前的业务需求，并用于记录与运营、合规和决策有关的业务类别、实体或事件。

3. 数据存储在某种介质中

一旦数据被捕获，它就会被存储在介质或存储设备（如硬盘）中，这些介质或存储设备在技术上被称为二级存储器。现在通常将其存储在 IT 系统中，可以是云平台，也可以是公司数据中心的 IT 系统。

4. 数据经常被重复使用

一旦将数据采集到 IT 系统中，就可以将其用于相同或不同的目的。例如，一旦采集了客户数据，该数据记录就可以被重复用于市场营销和销售其他保险产品，如家庭、汽车、人寿、旅行等。

5. 业务数据以特定格式编码

以数字形式记录的数据是以特定格式进行编码的。例如，客户姓名通常采用文本格式，出生日期采用 DD-MM-YYYY 格式等。

数据是原始的，需要“处理”才能产生价值。在保险行业中，数据通常以非结构化格式（如文档、音频、视频和图像）采集，没有遵守预定义的数据模型。从分析角度来看，数据本身对企业并不是很有价值，而洞察力才是有价值的，例如，关系、模式、分类、推断、异常和预测等都可以从数据中得出。因此，需要使用正确的数据结构或类型（名义、序数或连续）来处理数据，以便统计工具可以使用这些数据并产生见解。

6. 业务数据具有法律意义

业务数据具有法律意义，因为业务本身就是一个受司法管辖区法律和规定约束的合法实体。例如，在收集欧洲客户的数据时应遵守 GDPR 的规定。

7. 业务数据可互操作

业务数据经常由多个利益相关者共享和使用。这种互操作性促进了企业间的无缝数据交换，并最终减少了与数据管理和数据治理相关的风险和成本。例如，客户数据对销售和市场团队来说非常重要，可用于销售保险产品，但同样的客户数据对财务团队也很重要，特别是对于信贷和应收账款团队。虽然数据相同，但各团队的观点和利用方式并不相同。

2.7 关键数据元素

关键数据元素使“数据最小化”成为可能。这意味着企业应该将数据收集限制在直接相关和必要的范围内，来完成预定目标。关键数据元素还涉及数据保留，只有在需要满足特定业务目标时才保留它们。

并非企业中的所有数据都具有相同的价值。某些数据元素非常关键，如果这些数据元素没有得到妥善管理，甚至可能危及公司的生存。识别“哪些数据最为关键”对组织的成功至关重要。这些数据被称为“关键数据元素”（Critical Data Element，CDE）。CDE被定义为在特定业务领域（业务线、共享服务或职能团队）中“对成功至关重要”的数据。CDE 可以是参考数据、主数据或交易数据。CDE 因行业和业务需求的不同而异，但识别和管理 CDE 可以使公司能够快速且经济高效地提供高价值、高影响力和高可见度的数据。常见的 CDE 示例包括客户数据、员工数据、产品利润数据、PII（个人可识别信息）数据、PCI DSS（支付卡行业数据安全标准）数据等。

创建 CDE 列表并非法规本身的要求，但创建 CDE 过程可以从法规要求开始。通过降低管理数据的复杂性和工作量，CDE 可以提供许多好处。使用适当的数据治理措施来管理少量核心数据，可以更轻松地确保数据质量并满足目标用途。通常识别 CDE 的指导原则如下：

（1）与法规遵从性的关系。例如，管理数据元素和与隐私、支付及其他法规相关的数据属性通常符合 CDE。

（2）内部和外部多个利益相关者共享的数据。例如，汽车行业广泛依赖 JIT（准时制）流程，该流程使用供应商发布的预先发货通知（ASN）数据。ASN 数据通知客户有关装运细节，所以客户能够在正确时间和地点接受交付。ASN 数据可以成为 CDE。

（3）主数据和参考数据被用于创建交易数据，并有助于业务运营。如果主数据和参考数据的质量较差，则大量交易数据的质量也将受到影响。因此，主数据和参考数据可以成为CDE。

（4）关键绩效指标（KPI）用于衡量业务绩效。例如，如果净利润率（NPM）是用于衡量业务绩效的KPI，并且用于计算NPM的销售订单数据质量较差时，则销售订单数据就是CDE。

（5）CDE处理具有重大财务影响风险的数据元素，例如，增加的责任、成本、收入机会或利润。产品可能会构成风险，包括对健康、安全、财产或环境的风险，这些也将是CDE。

（6）长时间中断关键业务流程的数据元素可以成为CDE。例如，银行信贷部门依赖评级机构提供的信用评分，如果该信用数据缺失或损坏，将导致不能及时批准抵押贷款申请，因此该信用数据就是CDE。

2.8 关键要点

以下是本章的主要内容：

（1）典型企业中有四种类型的数据：零方数据、第一方数据、第二方数据和第三方数据。零方数据和第一方数据在业务中最可靠，因为它们是由组织内部产生和采集的。而来自合作伙伴的第二方数据通常相比于第一方数据不太可靠。另一方面，第三方提供的数据则来自相对未知的来源，所以可靠性最低。此外，第三方提供的数据存在风险，必须确保其按照隐私政策和其他监管规定进行处理。

（2）企业中使用数据主要有三个目的：运营、合规和决策。事实上，最初在产生和采集这些数据时，往往是为了满足运营和合规要求，而不仅仅为了分析。通常是对在运营和合规中采集的数据进行分析。

（3）可以从四个主要视角对数据进行分类，即存储视角（结构化数据和非结构化数据）、集成视角（参考数据、主数据、交易数据和元数据）、合规视角以及分析视角。

（4）非结构化数据（文本、音频、视频和图像）没有预定义的数据模型，约占企业数据的80%。因为不遵循预先定义好的数据模型，非结构化数据处理难度很大。但是它们易于捕获，如果管理得当，它们也可以提供其潜在的巨大商业价值。

交易数据对企业很重要，因为：

- 它涉及业务资源。
- 它记录了财务价值。
- 它是交易双方之间的合规文件。
- 它对会计有双重影响。
- 它促进绩效管理和决策制定。

虽然元数据不是真正的业务数据，但它具有两个基本目的：

（1）定位和检索业务数据。

（2）使业务数据可用和重复利用。

- 关键数据元素（CDE）被定义为在特定业务领域（业务线、共享服务或职能团队）中“对成功至关重要”的数据。简单来说，CDE 是完成工作所必需的数据。
- 参考数据和主数据通常是 CDE。

2.9 结论

我们生活的时代，无论所处哪种行业，数据已经成为任何组织成功的关键驱动因素。在当今以数据为中心、消费者驱动的经济中，商业格局正在经历巨大的变革。不同类型的数据被捕获和处理的速度，对组织的业务表现起着至关重要的作用。不同类型的数据在利用其业务价值方面带来了不同的视角和策略。然而，利用这些业务价值不仅涉及捕获正确类型的数据，还需要根据企业需求有效地管理它们，以便将其有效地用于运营、合规和决策。

参考文献

BCG. (May 2017). Profiting from personalization. https://www.bcg.com/publications/2017/retail-marketing-sales-profiting-personalization.

Gartner. (September 2002). Master data management. https://www.gartner.com/en/information-technology/glossary/master-data-management-mdm.

Southekal, P. (April 2017). *Data for business performance*. Technics Publications.

Southekal, P. (April 2020). *Analytics best practices*. Technics Publications.

Statista. (2022). Volume of data/information created, captured, copied, and consumed worldwide from 2010 to 2020, with forecasts from 2021 to 2025. https://www.statista.com/statistics/871513/worldwide-data-created/.

3

第3章 业务中的数据质量

3.1 引言

从数据中获得业务绩效的改进取决于数据质量。但是，大多数企业都存在大大小小、各种各样的数据质量问题。在大多数数据管理项目中，利益相关者的需求是各种各样、模糊不清的，并且大多数企业缺乏数据文化、素养、治理、技术、领导力等方面的能力来处理数据质量问题。《哈佛商业评论》中发表的一项研究报告称，在商业企业中，仅有3%的数据符合数据质量标准（Nagle 等，2017）。业务中的高质量数据具有上下文和多维度特性，定义上下文并选择相关联的数据质量维度将有助于企业从数据中获得更好的业务绩效（Southekal，2017）。在这方面，作为一家领先的研究、咨询和教育机构——DBP 学院进行了调查研究，以确定在企业中成功实施内部数据分析解决方案时最主要的障碍。全球超过 147 名行业从业者参加了此次调查，调查发现数据质量是企业从数据分析中获取价值的第二大障碍（见图 3.1）。

仅美国企业中，由于低劣的数据质量，成本从 2002 年的 6000 亿美元增加到 2020 年的 3.1 万亿美元。

在企业成功实施数据和分析解决方案中，最大的障碍是什么?

图 3.1　从数据分析中获取价值的障碍占比

通常情况下，大多数企业都没有将数据质量作为重点考虑，这导致了业务绩效的下降。存在数据质量缺陷的组织往往难以实现增长、提高敏捷性和竞争力。根据精品数据管理公司 Experian Data Quality 的说法，88%的企业的净利润受到数据质量问题的影响，并影响其高达 12% 的收入（Levy，2015）。2002 年，数据仓库研究所（TDWI）指出，低劣的数据质量每年给美国企业造成 6000 亿美元的损失（Eckerson，2002）。随着最近几年中数据量和管理复杂度的增加，这个数字在持续恶化。根据 IBM 研究，仅在美国，因低劣的数据质量，企业每年损失 3.1 万亿美元（IBM，2020）。

实现良好的数据质量是一个复杂且耗时的过程，其中一个基本挑战来自“数据质量”的多重定义。目前，关于“数据质量”的确切定义和关键数据质量维度的构成，还没有普遍共识。虽然数据质量是与环境、时间和其他情况相关的，但可以从不同的维度进行定义和度量。这个理论基于 David Garvin 的研究工作，他在 1987 年发表的研究文章《在八个质量维度上竞争》中强调了数据质量及其各个方面对业务管理人员的重要性。因此，本章将讨论数据质量的定义和关键数据质量维度。

3.2　数据质量维度

如果数据能够适用于业务运营、合规性检查和决策制定，那么就可以被认为是高质量的。

没有一个通用的数据质量定义。其中早在1979年数据质量的倡导者之一菲利浦·克劳士比（Philip Crosby）就将质量定义为“符合要求”（Crosby，1979）。但从企业角度来看，数据质量更多关乎确保数据对于业务运营是有用的。托马斯·雷德曼（Thomas Redman）博士认为，“如果数据能够适用于运营、决策和规划，则被视为高质量的数据”（Redman，2016）。基本上，在企业中，只有当数据适用于运营、合规和决策时才被认为是高质量的（Southekel，2017）。

为了全面定义数据质量，必须了解数据质量的关键维度。基于国际数据管理协会（DAMA）的研究，本节介绍了企业数据质量的12个不同维度（Southekal，2017）。这里使用“维度”一词来确定数据元素的各方面，这些方面可以被定义、量化、测量、实施和跟踪。

3.2.1　完备性

完备性（Completeness）是特定数据元素的属性在特定业务流程中使用的程度。鉴于数据的产生和获取是一项昂贵且耗时的过程，通常不会完全管理企业中任何数据的所有属性或字段值。例如，在Oracle Sales Cloud CRM应用程序中，客户主数据具有600个属性，并非600个属性都需要填充完整，因为某些数据属性并不是运行业务流程所需要的。实际上，数据完备性涉及一个权衡问题，即填充相关数据属性所需要的成本投入和这些数据属性带来的业务效益之间的平衡。

在客户主数据的例子中，CRM应用程序可能要求客户的名字和姓氏必须填写，而中间名则是可选项。中间名的维护需要付出相应的时间和人工成本，但是带来的业务价值极低。因此，即使未填充中间名属性，客户的数据记录也可以认为是完整的。这种情况在技术上称为NULL；NULL表示该属性的值在数据库中不存在。

总之，数据完备性与公司业务流程以及可用资源密切相关。在图3.2中，如果财务部门根据付款条件和公司可用资金（这是一种业务资源）状况能够履行供应商发票支付，那么“Payt Terms”（供应商付款条件）字段可以填写有意义的值。

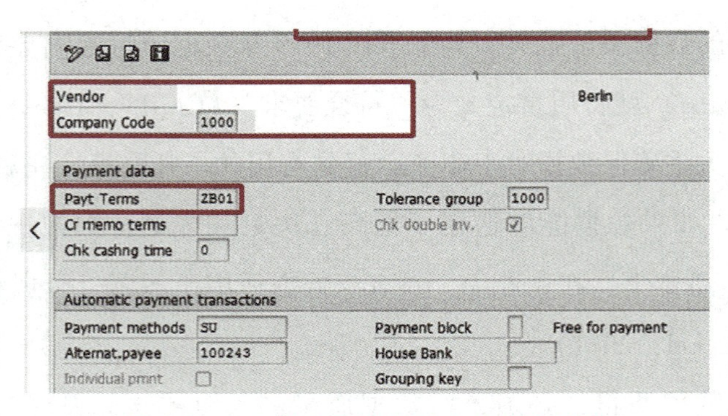

图 3.2 SAP 供应商主数据中的付款条款

3.2.2 一致性

数据一致性（Consistency）是指在企业各种 IT 系统中保持数据统一的过程。数据完整性（作为数据质量的另一种维度稍后进行介绍）意味着数据是正确的，而一致性意味着数据格式是正确的，或者说数据在其他时间和位置的关系上是正确的。企业 IT 环境中的数据一致性可以从两个角度来看。

（1）数据值一致性。在这种情况下，一致性意味着企业系统环境内（或外部企业系统环境）特定数据元素在所有表和数据库中的数据值是相同的。例如，CRM 系统中客户存款的 GL 总账账户应与 ERP 系统中的相同。

（2）数据可追溯性一致性。这涉及在不同系统之间或同一系统内，数据在移动和转换过程中的完整性。数据可追溯性通常与业务规则有关，与数据血缘相关联。一个关于数据可追溯性一致性的例子是：如果供应商合同已关闭或不可用，则不能向该供应商发出采购订单；另一个例子是当 IAM（身份和访问管理）系统终止员工状态时，该员工应无法访问 ERP 系统。

3.2.3 合规性或有效性

合规性（Conformity），也称为有效性（Validity），是指符合规格、数据标准或指南的数据，包括数据类型、描述、大小、格式和其他特征。例如，由于 IT 系统的数据字典或元数据合规要求，产品描述可能被限制在 40 个字符以内。另一个例子是，在许多公司中，产品代码遵循“名词-修饰语-属性”的命名规则进行描述。虽然这种格式通常没有在数据字典中定义，但任何违反规则要求的数据都将被视为低质量数据，因为其与命名标准不一致。

3.2.4 唯一性或基数

数据唯一性（Uniqueness）或数据基数（Cardinality）确保数据元素没有重复值。例如，系统中可能记录了两个保险代理人（代理人代表保险公司向消费者销售保险产品），分别为 Perfect Insurance Inc. 和 Perfect Insurance Canada，尽管实际上它们是同一个业务实体。

从技术上讲，数据记录中的唯一性是指具有唯一的主键，该属性所有的值均不能为 NULL。在数据库中，NULL 表示不存在任何数据值。数据元素的唯一性或基数可以描述为高、中和低三个级别：

- 高基数意味着列或属性包含大量唯一的数据值。高基数字段的示例包括客户识别代码、电子邮件地址、社会安全号码和电话号码。
- 中基数值是具有不常重复的值的列或属性。例如，邮政编码和付款条款。
- 低基数意味着该列包含许多重复项。低基数值包括州代码和性别。

在企业数据库或表中，这三种基数类型共存。例如，在存储客户银行账户信息的数据库表中，“账号”列将具有非常高的基数，而“客户性别”列将具有较低的基数（因为该列可能只有“男”和“女”作为值）。

那么，拥有高基数的业务收益是什么？高基数或唯一性如何影响数据质量？从技术上讲，高基数以两种主要方式影响业务收益。

首先，主键列具有高基数，以防止重复值被输入。这意味着不允许将两个不同的客户分配相同的客户代码，因为重复数据会对有效地定位客户造成巨大挑战。基本上，当存在重复记录时，系统更难正确匹配数据实体（如客户）与行为。

其次，主键字段极大地加快了查询、搜索和排序请求的速度，因为数据库索引依赖于主键。如果数据质量的衡量标准是处理速度，则首选查询具有高基数或唯一性的数据字段，主键属性就完全符合高基数的特征。简而言之，具有高基数的数据字段由于数据库索引而查询更快。

注意：基数的概念有两个版本：关系基数和数据基数。关系基数与设计数据库相关，被称为数据建模。关系基数意味着不同数据属性之间的关系是一对一、多对一还是多对多。但在数据质量方面，数据基数的影响更大。数据基数与数据完整性和查询性能相关。数据基数是指特定列或数据属性中存在多少个不同的值。

3.2.5 准确性和精度

准确性（Accuracy）是数据真实反映业务类别、实体或事件的程度。准确性指测量值与标准或真实值之间的接近程度。准确性与精度密切相关，精度（Precision）是在不改变条件的情况下，重复测量所显示的结果相同的程度。例如，如果年龄属性的数据起源为 17.4 岁，但被记录为 17 岁，则存在精度损失。准确性指实际值、真实值或正确值之间的接近程度，而精度则是重复性的度量。

可以将准确性和精度类比于打靶。准确命中目标意味着你靠近靶心，即使所有标记都在中心的不同侧。精确打中目标意味着所有命中点都很接近，即使它们离目标中心很远。同时具有精确性和准确性的可重复测量值，非常接近真实值。测量准确性和精度的关键绩效指标（KPI）是标准差和标准误差，在第 6 章的数据剖析部分中对此进行介绍。图 3.3 利用靶子展示了准确性和精度的关系。

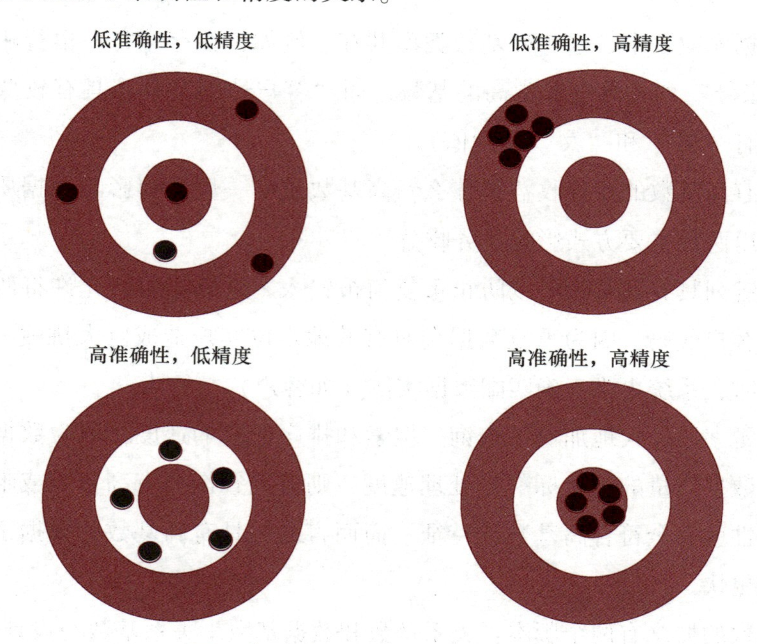

图 3.3 准确性和精度的关系示意图

3.2.6 正确性

正确性（Correctness）是指数据中没有错误或失误。正确性是数据值符合可接受的参考标准。数据值必须是正确的，并且必须以一致和明确的形式表示。正确性是基于布尔逻辑的；有些事情要么正确，要么不正确。与精度或准确性不同，正确性没有程度之分。客户地址需要准确，但电话号码应该是正确的。如果将街道名称记录为“Coventry St.”而不是“Coventry Street”，则地址数据属性的准确性和精度会受到影响。但另一方面，电话号码需要是正确的。如果电话号码记录为“403-235-3689”而不是“403-235-3688”，那么即使只有一个字符出现问题，从业务上来说，数据也不可用。

3.2.7 可访问性

能有效地搜索、检索和使用数据，始终为业务操作提供支持，可以被视为良好数据质量的关键特征。数据可访问性（Accessibility）是授权用户获取数据的手段。通过访问控制方法，根据用户在业务中的角色或职位来授权其访问数据。尤其是在业务利益相关者需要精确、安全、快速地分析数据的情况下，数据可访问性对业务非常重要。

3.2.8 数据安全

与数据可访问性密切相关的是数据安全。数据安全（Data Security）涉及在整个数据生命周期中，确保数据不受未经授权的用户或系统的损坏、破坏或错误的影响。数据安全还涉及使用适当的安全工具检测网络威胁，如黑客攻击、欺诈或恶意软件，并且需要在数据静止、使用和移动过程中采用相应的保护机制。通常，数据安全还要确保组织内任何需要访问数据的人可以合理获取数据。

此外，数据安全问题不仅存在于生产系统中；生产系统是指最终用户用于日常业务操作的环境。有时，在非生产系统（开发人员和IT管理员在将更改发布至生产系统之前，所进行的软件开发和测试的系统）中，也保存着大量生产数据。根据2011年著名解决方案专家斯图尔特·费拉维奇（Stuart Feravich）的研究报告，有70%的接受调查的企业在非生产系统中使用真实客户信息（Feravich，2011）。第 11 章将详细介绍关于数据安全问题的内容。

3.2.9 时效性和及时性

从根本上讲，数据质量是对时间敏感的，因为数据值在数据生命周期中是不断变化的。时效性（Currency）或“新鲜度”指的是数据的“陈旧程度”，即从数据源创建或最近一次更改以来所经历的时间。根据数据质量领域公认的思想领袖大卫·洛欣（David Loshin）的说法，时效性是指数据与其所描述的事实之间的实时性（Loshin，2010）。例如，如果供应商付款条款已经多年没有更新，则该数据可以称为低质量数据，因为可能存在与供应商重新协商更好条款和条件的潜在机会。

与时效性相关联的是及时性（Timeliness）。及时性是指当需要最新数据值时，是否能够立即获得。从企业 IT 环境角度来看，及时性是指传播速度。

及时性取决于数据对业务的重要程度和影响力。例如，在库存管理中，物品库存量数据必须实时在线可用，以支持库存管理部门的决策；但对于清算供应商发票的清算系统而言，则可以接受 4 小时的延迟。由于快速数据驱动决策需求的日益增加，及时性被看作是越来越关键的数据质量维度，特别是在需要实时分析获得洞察的场景时。

实际上，因为在数据采集和洞察推导之间总会存在一些延迟，实时分析基本就是准实时分析。

然而，实时分析是指一旦数据可用，立即使用这些数据进行分析，以获得决策的洞察。对于某些场景，比如炼油厂，在数据可用后，需要在几秒钟内得出实时洞察；而在财务等后勤职能中，可以在数据可用后的几分钟或几小时内得出洞察。总体而言，实时分析是上下文相关且对时间敏感的，可以定义为最小化可用数据的延迟以获得洞察。

数据质量的时效性对实时分析有重大影响，实时分析可以定义为在最小延迟（包括数据延迟和查询延迟）内从可用数据中获取洞察的过程。

最小化数据延迟通常与将数据采集到规范系统（如数据仓库）和从数据仓库查询数据两个过程相关。换句话说，实时分析或即时数据可用性应该解决数据延迟和查询延迟的问题。数据延迟是指从生成数据到可查询之间的时间差。

由于收集数据和可查询之间通常存在时间差，因此实时分析系统应最大限度地缩短将高质量数据传输至数据仓库的滞后时间。查询延迟是指执行查询并获得输出所需的时间。总体而言，实时分析的关键是减少将数据移入数据仓库的延迟或响应时间，并快速执行查询。

3.2.10　冗余和数据可用性

在数据库或数据存储技术中，数据冗余（Redundancy）是常用方法，其中数据对象或元素在位于不同位置的多个 IT 系统之间复制和采集。冗余是企业用于备份和恢复而刻意设计的一种机制。这种复制的目的是提高系统的可靠性和数据可用性（Availability），从而提高数据质量。

冗余与重复紧密相关，因为在同一系统的数据库中，同一张表内出现重复的记录时即被视为重复数据。尽管冗余（处于系统级别）是减轻数据丢失风险的好办法，但要避免出现单条记录的重复，有两种主要技术：

1. 去重

在数据质量中，去重用于描述将两个或多个描述同一实体的数据记录合并为一个“黄金记录”的过程。黄金记录是组织可利用的最佳纪录。去重可通过手动从系统中删除冗余或重复数据，或应用模糊逻辑程序来实现。模糊逻辑是一种基于“真实度”而不是通常的布尔逻辑“真或假”（1 或 0）进行计算的方法。

2. 规范化

在规范化数据时，要精心组织数据库的列（属性）和表（关系）的依赖关系，以确保数据库的完整性约束能正确发挥作用。数据完整性是规范化数据的规则集。如果一个数据库符合第三范式，则认为它已经足够规范化，不会发生插入、删除和更新异常的情况。

那么，重复数据和冗余数据有什么区别呢？当一个属性具有两个或更多相同的值时，表明存在重复数据。然而，如果您可以在不丢失信息的情况下删除数据值，那么它就是冗余的。换句话说，冗余是期望的数据重复。评估和测量数据冗余的工具之一是余弦相似性。余弦相似性是一种用于基于数据属性测量数据元素之间的内聚性或相似性的技术。

3.2.11 覆盖范围（适用性）

数据管理的过程复杂、耗时且成本高昂，因此总是期望数据能够同时为多个不同的业务需求或利益相关者服务。参考数据和主数据在企业中共享使用，具有覆盖范围（Coverage）广或适用性（Fit for Purpose）强的特点，而交易数据由于与具体业务事件相关，因此具有较低的覆盖范围。例如，销售办事处（参考数据）和客户（主数据）被市场和代理商使用，但保险索赔的交易数据只与索赔部门相关。

尽管覆盖范围广的数据有助于数据共享，但它也与业务流程紧密相连。例如，在电话营销中客户地址出现10%的错误率可能是可以被接受的，但如果发票系统使用同一批地址数据来寄送发票，则这个比例可能就无法被接受。总体而言，如果一个数据元素能跨越多个业务流程使用，则可以认为其数据质量很高。

3.2.12 完整性

数据完整性（Integrity）是确保数据被完整、准确记录，并且在检索数据时，保持一致性的过程。这种过程是为了保证数据不会受到损害，从而确保数据是可信的。数据完整性可以通过两种方法来实现，即通过数据治理流程和数据库管理控制。控制执行数据完整性可以作为数据治理流程的一部分，这将在第10章DARS模型的持续阶段中介绍。使用数据库管理系统DBMS来控制执行数据完整性，可以通过一系列数据完整性规则来实现。从DBMS角度看，四种类型的数据完整性规则包括：

1. 实体完整性

实体完整性确保表（记录或元组）的每一行都可以被唯一地识别。实体完整性是通过表的主键来控制的。基本上，为了实体的完整性，每个数据库表中都应该有一个主键（PK），因为主键有助于唯一标识数据库中的记录。例如，客户标识符通常是一个主键，而且这个主键不能为空。

2. 参考完整性

参考完整性确保一个表中的值引用了另一个表格中现有的值。在参考完整性方面，无论何时使用外键（FK）值，它必须引用父级表格中有效、现有的主键。外键是跨越多个表之间进行交叉参考的关系，通过引用另一个表格的主键值，建立起两个表之间的联系。

3. 域完整性

域完整性确保列中所有数据项均在预定义好的有效值集合范围内。每张数据表里面各自拥有已定义好的数值范围集合，例如，美国邮政编码只能由五位数字组成等。通过限制分配给该列实例（属性）的值，可以实现域完整性。实施域完整性的方法是采用数据字典或元数据标准，为表单中下拉列表、复选框和单选按钮对应的数据属性选择正确的数据类型和长度。

4. 业务完整性

业务完整性确保数据库执行业务规则，这是在应用程序层面完成的。例如，可以设置业务规则，使得只有当评估员提交损坏评估报告时，才能清算房屋损害保险索赔。

从数据质量的角度来看，数据完整性确保数据保持完好无损且未被更改。它还描述了可以追踪和连接其他数据的数据，并确保所有数据可恢复和可搜索。图 3.4 为企业提供了 12 种数据质量维度的全面视图。

实施上述 12 个数据质量维度需要提高数据素养、实施强有力的数据治理流程以及 DBMS 技术能力的应用。关于这些数据质量维度的实施，应注意以下几点：

（1）对大多数企业而言，这 12 个维度适用于业务绩效要求，是了解数据质量的基线。鉴于数据管理能力、监管流程、市场需求等不断发展，这些数据质量维度也在不断演化。所有这些维度都是高质量数据的期望属性。例如，重复性并未被列为期望属性，因为它不是数据质量的期望属性［当然，在此处介绍的期望属性（如唯一性和基数）也可以防止数据重复]。从根本上讲，数据质量是上下文相关的，应该根据上下文来考虑这些维度。

（2）针对这 12 个维度中的每一个，要实现高水平数据质量，都需要投入时间和精力。仅评估当前数据质量水平可能需要几个月的时间。因此，如果计划采取任何措施来改善数据质量，就应该将这 12 个数据质量维度与具体的业务需求和关键绩效指标（KPI）相关联。

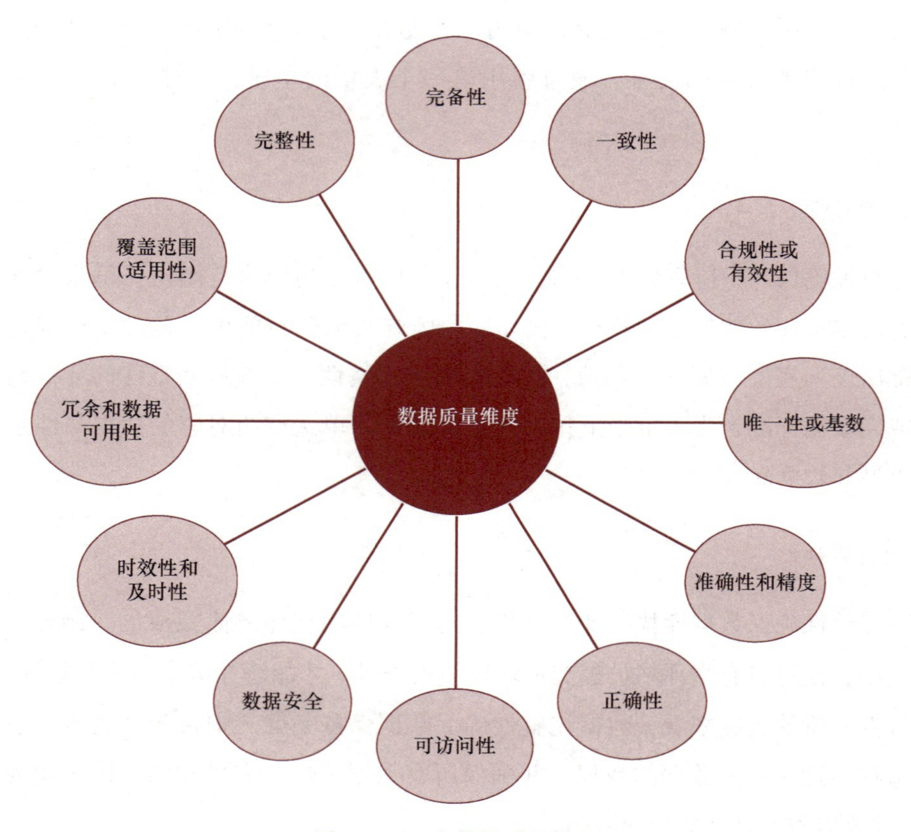

图 3.4　12 个数据质量维度

（3）对企业来说，严格遵循这 12 个数据质量维度的要求并非强制性的，但遵循这些要求有助于提高业务价值。要想改进 12 个数据质量维度需要在时间、成本和质量之间做出权衡。举例来说，更新 50 万名客户的中间名可能会提高电话营销部门的完整性维度。虽然技术上可行，但相对于业务价值而言，是大量时间和精力的浪费。

3.3　上下文中的数据质量

尽管 12 个数据质量维度在本质上是相对静态的，但将它们用于衡量和评估数据质量可能无法提供数据质量的实际状态，因为数据具有生命周期和流动性。如前所述，业务数据的三个主要用途是运营、合规和决策，数据通常是为了运营和合规而生成和采集的。在这个阶段，数据质量是被明确定义的，格式通常是原生的和专有的。但是，当数据用于数据分析获取决策洞察时，关注点就会从运营和合规转向业务价值提升、创新、实验、生产力等方面。这意味着企业需要进行假设，并且经常面临没有可用数据的局面。假设检验或显著性检验的基本特征是根据有限数据提出假设或解释以作为进一步调查的起点。

数据通常是为了运营和合规而产生和采集的，其中的数据模型和数据质量是有明确定义的。但当数据被用于分析以获取决策洞察力时，关注点从定义数据模型转向假设，这时往往面临数据不可用或者受到限制的局面。基本上，当根据您提出的问题类型来获取分析洞察时，在某个时间点上，一定会出现数据无法支持的情况。虽然您可以努力获取高质量的第一手数据以满足运营和合规要求，但期望在所有案例或场景中都能获得高质量的数据进行分析是不现实的。

让我们以一个有洗车设施的加油站为例。通常，加油站从销售系统中捕获销售情况，销售订单中包括产品的详细信息，如数量、计量单位、价格等，以及客户详细信息，这是一项数据运营活动。但如果洞察推导出的假设是温暖的天气会驱动用户去洗车，则会发现数据质量很差，因为天气数据通常不会被销售交易系统采集。这意味着即使此加油站在运营和合规方面的数据质量非常好，但其分析数据仍然是低质量的。另一个例子是零售店经理认为增加库存能够提高销售量。要通过洞察来验证此假设，他们需要库存的详细信息，如果没有可用的库存数据，他们就会认为数据质量较差。总体而言，主数据和参考数据的质量指标相对固定，而交易数据的质量指标则与上下文相关，因为交易数据属于动态数据。

3.4 数据质量不佳所产生的影响

那么，不遵循这12个数据质量维度会有什么后果？如果企业的数据质量很差，那会发生什么情况呢？许多企业都存在数据质量问题，并最终影响业务绩效。为了更深入地解释这个问题，可以基于大卫·洛欣（David Loshin）的研究，将糟糕的数据质量对业务绩效的影响分为四大类别（Loshin，2010）。

1. 财务影响

由于糟糕的数据质量导致的财务影响，包括增加运营成本、减少收入、错失机会、减少或延迟现金流等。例如，如果将总账账户错误地分配到不正确的产品类别中，则难以评估哪些产品部门是盈利的，哪些部门是不盈利。

2. 市场影响

市场影响与业务完整性的缺失有关，导致市场期望无法满足。最终结果是组织信任度降低、对管理报告的信心不足，可能推迟或做出错误的决策。

3. 生产力影响

由于工作量增加、吞吐量下降和周期时间增加等，影响了运营效率。举个简单的例子，如果产品描述不符合“名词-修饰语-属性”的格式或数据质量合规性要求，会产生什么影响？不一致的产品描述导致重复的产品主记录。这意味着同一个实体产品以不同方式编码，导致产品被分配到合同、采购订单、发票和其他交易文件中的不同总账账户。这种“多米诺效应”最终导致员工工作量增加，因为在报告和分析期间需要进行额外的对账和数据清理工作。

4. 风险和合规性影响

糟糕的数据质量可能导致合规性和金融风险的增加，从而降低在市场上的业务执行能力。关键影响包括信用评估、现金流、资本投资、政府法规、行业期望、公司内部制度等。例如，供应商主数据中使用的付款条款数据元素如何影响合规性和业务绩效？供应商支付条款不仅决定了结算供应商发票的截止日期，还提高了企业现金流和营运资本需求水平。

1-10-100 规则指出，预防成本低于补救成本。主动出击胜过被动反应；预防胜于补救。

良好的数据质量原则是遵循 1-10-100 规则。1-10-100 数据质量规则由乔治·拉博维茨（George Labovitz）、常宇桑和维克多·罗桑斯基（Victor Rosansky）提出，用于评估和防止脏数据带来的影响（Labovitz 等，1993）。1-10-100 规则指出，1 美元相当于评估数据的成本。如果不遵循这一步骤，那么企业为纠正数据而承担的成本将增加到 10 美元。在最后阶段中，最初的 1 美元急剧上升到 100 美元，这个数字代表企业在未能清理数据时必须支付的成本。1-10-100 规则如图 3.5 所示。

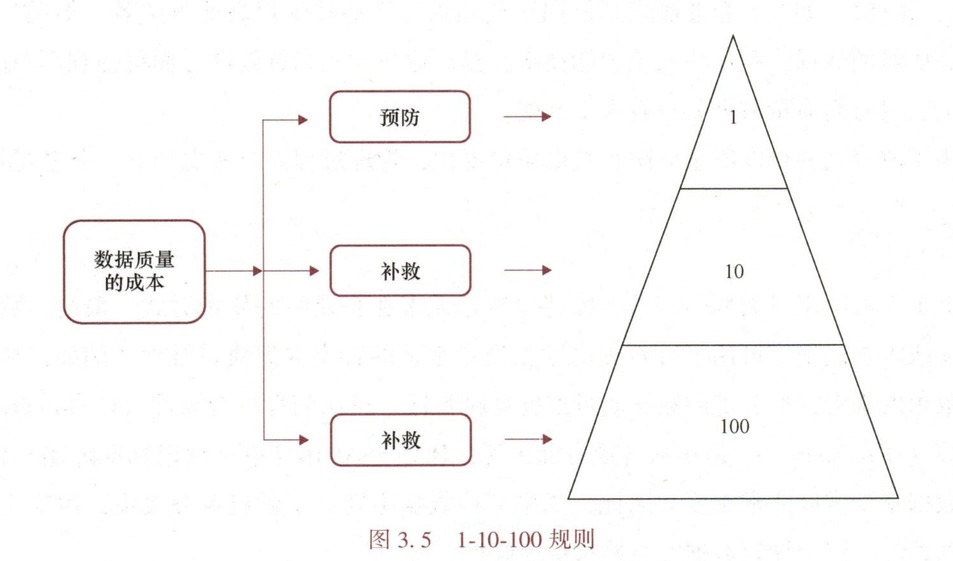

图 3.5　1-10-100 规则

3.5 数据贬值及其影响因素

一般来说，任何商业资产，包括有形资产或无形资产，都会随着时间的推移而贬值。从会计角度来看，折旧是指资产价值的下降，在其使用寿命内分配资产成本。从技术上讲，对于诸如数据、品牌和知识产权等无形资产，分配成本的过程随着时间的推移被称为“折旧”。鉴于数据也被视为一种无形资产，在涉及数据质量下降时，使用“折旧”这个术语也是非常恰当的。

数据退化或贬值是指数据质量逐渐降低。就前文中描述的数据质量维度而言，当其中任何一个维度受损时，就可以认为该数据正在退化或贬值。信息管理研究人员斯科特·托尼丹德尔（Scott Tonidandel）、艾登·金（Eden King）和何塞·科尔蒂纳（Jose Cortina）指出：在一个典型企业中，数据质量每个月下降 2%～7%（Tonidandel 等，2015）。

根据 Gartner 的报告显示：低质量的数据平均每年给组织带来大约 1420 万美元的成本，并且 40% 的商业计划因不良的数据质量未能实现预期目标收益。根据 Experian Data Quality 的报告显示，77% 的公司认为他们的利润会受到不准确和不完整的数据影响（Levy，2015）。如今，企业越来越倾向于使用人工智能技术提高业务绩效。但是，如果没有高质量的数据，则这些人工智能技术在提高业务效率和有效性方面将受到严重限制。基本上，没有高质量数据就没有人工智能。

为了改善这些维度质量并防止数据质量退化，管理过程需要考虑如下三个主要因素：

1. 上下文

上下文取决于对数据的需求，即特定数据元素在企业中的使用方式。最终，数据的上下文或需求确定了可用于有效提高数据质量水平的特定数据质量维度。例如，从分析或决策角度来看，最关键的数据质量维度是时效性、可访问性、合规性（Conformity）和一致性（Consistency）。但是从合规方面来说，比如 SSAE16（审计承诺标准陈述）认证，则对数据安全维度非常重要。因此，如果某些数据主要用于做出业务决策，而安全性很少受到关注，就会导致数据安全质量维度降低。

2. 生命周期

数据生命周期（Data Life Cycle，DLC）涉及成功管理数据和信息的 10 个阶段。DLC 对数据质量有重大影响，因为它涉及系统、应用程序、业务流程和利益相关者的角色与责任。基本上，数据从来不是静止的。当数据在系统之间流动时，数值、格式和用途都可能发生变化。这将影响数据的完整性，最终导致企业数据质量的下降。DLC 将在第 5 章中详细介绍。

3. 数据治理

任何战略性计划（包括数据质量计划）的成功实施都是一个人为的过程。特别是当数据受到可能危及数据质量的各种因素的影响时，通过数据控制或治理来达成特定目标是绝对必要的。数据治理将在第 10 章中详细介绍。

从根本上说，如果不采取数据质量管理措施，IT 系统中的数据质量势必会下降。为确保在企业范围内对数据元素进行规范化管理，需要有明确的努力、清晰的愿景、明确的重点、有效的领导和健全的治理。

3.6　IT 系统中的数据

如果讨论数据的质量水平，而不考虑 IT 系统，则是不完整的，因为数据的产生、存储、处理、查看和清除都是在 IT 系统中完成的。从根本上说，IT 系统从数据产生到集成再到处理、查看和清理的整个生命周期都管理着数据。因此，在企业中，数据管理主要涉及三类 IT 系统：OLTP（在线事务处理）系统、集成或中间件系统和 OLAP（在线分析处理）系统。

没有信息架构（IA）就没有人工智能（AI）。

第一类 OLTP 系统可以快速插入、更新和删除业务数据，特别是交易数据。它们用于高吞吐量数据的插入，可以支持数百个业务用户的并发使用。通常，在 OLTP 系统中使用关系型数据库，并执行四个关键的数据库操作，即“创建、读取、更新和删除”（CRUD）。从根本上讲，OLTP 应用程序的主要价值在于可用性、敏捷性、并发性、可恢复性和数据完整性。ERP 和 CRM 系统是典型的 OLTP 系统。OLTP 系统的其他例子还包括银行柜台应用程序、电力公司的计费应用程序以及石油公司的交易系统等。

第二类 IT 系统是集成或中间件系统。大多数企业都针对不同业务功能建设多个 OLTP 系统，并且管理不同类型的数据。例如，销售数据可能在 ERP 系统中，而潜在客户或线索数据则在 CRM 系统中。为了获得企业级统一视图下的客户数据和业务流程，必须集成这些 OLTP 系统，这是通过集成或中间件系统完成的。基本上，集成或中间件系统有助于实现数据的转移、转换和编排。数据转移是将数据从一个系统移动到另一个系统中。数据转换是将数据从一种格式转换为另一种格式。数据编排是指收集、排序和组织不同的数据。在第 9 章中，我们将详细介绍数据集成的最佳实践。

第三类 IT 系统是 OLAP 系统。OLTP 系统提供了高度的数据验证和完整性，如果直接从 OLTP 系统满足数据消费者的不同需求，会导致广泛的数据验证，这将使检索数据（特别是用于报表）变得非常缓慢。OLAP 系统，也称为在线分析处理系统，使用户能够快速、有选择地从不同角度检索和查看数据。OLAP 系统的三个核心特征是逆规范化、数据聚合和多维分析。

OLTP 系统用于运行业务，集成或中间件系统用于整合业务，OLAP 系统有助于理解业务。

从根本上说，为了快速轻松地检索数据，我们需要具有较低数据完整性检查的数据结构。因为通常在 OLTP 系统生成数据时要进行数据完整性检查，用于数据检索或读取的数据结构依赖于一个被称为逆规范化（Denormalization）的技术概念，而逆规范化的数据结构是典型数据存储库，如数据仓库（DWH）、数据湖（Data Lakes）和数据湖仓（Lake Houses）的关键特征。DWH 是企业各种 OLTP 系统收集到的所有（通常是历史性）数据的联合存储库。实际上，DWH 为 OLTP 系统提供存储历史数据的空间，进而来支持 OLTP 系统。如果没有 DWH 这些服务，则会使 OLTP 系统功能复杂化，并且性能会显著降低。OLAP 系统用于描述性、预测性和指导性分析。此外，OLAP 系统通常包括数据可视化（DV）工具，因为 DV 工具可以通过信息图表、仪表板、地理图、热力图和详细图表等形式显示数据，为数据提供可视化的上下文。这三种 IT 系统之间主要区别见表 3.1。

表 3.1　三种 IT 系统的区别

参　数	OLTP 系统	集成或中间件系统	OLAP 系统
关注目标	运行业务，将数据采集到系统中	整合业务，管理数据集成	了解业务，将数据从系统中取出
数据源	细粒度数据，由一个源系统生成	汇聚多个源系统数据	聚合数据，从多个系统数据中产生洞察
数据及时性	当前数据	当前数据和历史数据	历史数据
数据模型	“CRUD”模型，即创建、更新、读取和删除	“TTO”模型，即传输、转换和编排	主要读取数据，遵循“WORM”模式，即一次写入，多次读取
查询	对细粒度业务数据执行的相对标准化和简单的查询	对元数据执行的相对简单的查询	涉及聚合的复杂查询
处理速度	非常快	快	慢
存储空间要求	如果存档历史数据，则可能相对较小	如果集成消息（称为有效负载）被存档，则可能相对较小	由于存在聚合结构和历史数据，因此规模较大
数据库设计	具有高度规范化的多个表	不适用，因为数据不是为支持业务流程或规则而设计的	通常使用逆规范化形成少量的表

3.7　数据质量和可信信息

经常会将数据质量和可信信息这两个术语放在一起使用。那什么是可信信息呢？在了解什么是可信信息之前，让我们先试着理解什么是信息，以及它与数据的区别。从根本上说，当数据经过处理时，在给定的上下文中就可以称为信息或洞察。简单来说，上下文+数据=信息或洞察（Southekal，2017）。所以，要相信这些信息，必须对上下文和数据有所信任。

3.7.1 信任上下文

上下文是指围绕数据收集、整合、处理和使用的环境，特别是位置、角色（组织结构）和时间。简单来说，数据的上下文主要来自三个关键方面：时间、位置和角色，这三个元素都从交易数据中获取。交易数据对于业务信任和上下文具有关键作用，原因如下：

（1）企业通常受到资本、时间、技能、机器等资源的限制。交易数据代表了对这些业务资源的消耗，并可以提供有关这些资源管理方式的洞察力。

（2）与参考数据和主数据不同，交易数据可能影响企业的销售业绩。您的 CRM 系统中可能有 50 万名客户（主数据），但其中有多少客户在过去 12 个月内下了订单（交易数据）？

（3）交易数据在会计中有双重影响：对于每个接收到的价值都会有一个相应的价值支出。这意味着对 IFRS（国际财务报告准则）和 GAAP（普遍公认的会计原则）等会计准则都基于交易数据。

（4）在发票、订单、汇款通知书、装运单等双边交易中，交易数据充当法律记录或约束性的文件。

（5）交易数据促进业绩比较和决策制定。为了更准确地衡量业务表现，需要使用正确的关键绩效指标（KPI）来评估交易数据的可量化特性。这样可以确保在处理或跟踪定量数据时取得最佳的效果。

从根本上说，上下文有助于建立信任，因为它在数据和实际消费之间建立了关系。例如，当单独检查原始索赔数据时，可能很难确定特定保险产品的保险索赔额是否增加。但是，如果将冰雹数据和地理位置数据叠加在索赔数据上，就可以为理解数据和洞察提供必要的上下文。

3.7.2 数据信任

基本上，对数据的信任与第三方数据共享有关。但从根本上讲，高质量的数据是建立数据信任的基础，因为值得信赖的数据促进了公司内部的数据共享和协作。虽然本章讨论了 12 个关于数据质量的维度，以建立对数据的信任基础，但是建立数据信任还需要回答以下问题：

（1）数据采集是否准确？这关系到数据的真实性与准确性，是数据质量的基础。

（2）如何衡量和验证数据质量？这需要选择恰当的质量指标进行评估，第 6 章介绍了衡量数据质量的指标。

（3）数据是否受到良好保护？是否存在数据安全或隐私风险？第 11 章介绍了保护数据的方法。

（4）在道德层面是否管理这些信息？这需要遵循数据使用的伦理原则，第 12 章涵盖了有关“数据伦理”的内容。

3.8　关键要点

以下是本章的主要内容：

（1）如果数据适用于运营、合规和决策，则可以认为是高质量的数据。

（2）大多数企业都存在不同程度的数据质量问题。业务中的数据质量是多维的，选择适当的数据质量维度将帮助企业更好地评估从数据中获得的业务绩效。

（3）12 个数据质量维度应作为企业基线来衡量其数据质量。随着业务和人工智能的发展，这个列表也会发展演变。

（4）每种资产（有形或无形）的价值都倾向于随时间的推移而贬值。数据退化或贬值是指数据质量随时间逐渐下降。在大多数企业中，每个月平均会出现 2%~7%的数据质量下降。

（5）防止数据质量下降或贬值的管理措施要参考三个主要因素：

- 评估上下文，即数据在业务管理中扮演的角色。
- 了解数据在生命周期内的转换。
- 数据治理流程的有效性。

（6）可信的信息来自对上下文和数据可靠性的探究。

（7）离开 IT 系统讨论数据及其质量水平是不完整的，因为数据源、存储、处理甚至清除都在 IT 系统中进行。在这方面，企业中的数据管理主要依赖三种 IT 系统：OLTP（在线事务处理）、集成或中间件系统和 OLAP（在线分析处理）系统。

3.9 结论

据估计，企业中的数据每 4 年翻一倍。根据谷歌前 CEO 埃里克·施密特的说法，我们每两天创造的数据量相当于人类文明自 2003 年以来所创造的数据量总和（Johnston，2015）。数据量的增加与复杂性呈正比，从而导致从数据中获取业务价值面临更多挑战。鉴于当今的每一项业务举措都建立在良好的数据质量之上，所以确保企业中的高质量数据至关重要；应综合考虑公司的战略、目标、业务流程、IT 系统以及利益相关者的角色和责任，全面推行数据质量举措。

参考文献

Crosby, P. (1979). *Quality is free: The art of making quality certain*. McGraw-Hill.

Eckerson, W. (2002). Data quality and the bottom line. TDWI.

Feravich, S. (December 2011). Ensuring protection for sensitive test data. http://www.dbta.com/Editorial/Think-About-It/Ensuring-Protection-for-Sensitive-Test-Data-79145.aspx.

IBM. (January 2020). Spreadsheets vs. Watson Studio Desktop. IBM Research.

Johnston, N. (2015). *Adaptive marketing: leveraging real-time data to become a more competitive and successful company*. Palgrave Macmillan.

Labovitz, G., Chang, Y.S., and Rosansky, V. (1993). *Making quality work*. Harper Business, 1993.

Levy, J. (July 2015). Enterprises don't have big data, they just have bad data. http://tcrn.ch/2iWcfM5.

Loshin, D. (2010). Evaluating the business impacts of poor data quality. Knowledge Integrity Incorporated, Business Intelligence Solutions. https://www.myecole.it/biblio/wp-content/uploads/2020/11/3_DK_2DS_Business_Impacts_Poor_Data_Quality.pdf.

Nagle, T., Redman, T., and Sammon, D. (September 2017). Only 3% of companies' data meets basic quality standards. https://bit.ly/2UxaHO4.

Redman, T. (May 2016). Data quality should be everyone's job. *Harvard Business Review*.

Southekal, P. (2017). *Data for business performance*. Technics.

Tonidandel, S., King, E., and Cortina, J. (2015). *Big data at work: the data science revolution and organizational psychology*. Routledge Publications.

第2篇

评估阶段

第4章

数据质量差的原因

4.1 引言

在前三章中，介绍了DARS模型的定义阶段。具体来说，我们研究了数据质量的定义、数据质量业务案例、不同类型的数据、12个关键数据质量维度等内容。接下来的三章将探讨DARS模型的第二阶段，即评估阶段。本章将重点探讨或分析导致数据退化、贬值或降级的主要原因。

数据退化是指数据在业务中逐渐降低或丧失效用价值的过程。一般来说，数据退化有物理上的数据退化和逻辑上的数据退化两种类型。

（1）物理上的数据退化是在存储介质中出现数据丢失的情况。例如，服务器崩溃、硬盘损坏、数据记录被清除而无法追踪等情况。物理上的数据退化是突发事件，往往超出控制范围。解决物理上的数据退化最常见方法是定期备份数据库或在另一个备用数据中心恢复系统。

（2）逻辑上的数据退化是“数据的无声杀手”，通常是由于对不同数据质量维度的混淆。逻辑上的数据退化降低了数据对业务活动的价值。逻辑上的数据退化是业务中数据质量差的主要原因。

虽然物理上的数据退化可以通过定期备份数据来轻松解决，但解决逻辑上的数据退化非常复杂和耗时。因为对于“数据的无声杀手”，找到根本原因通常更加困难，而且原因也可能是多方面、复杂多变的。

4.2　数据质量问题根本原因分析工具

根本原因分析（RCA）有助于系统地找出潜在问题或原因，而不仅仅是对问题的表象进行处理。

在数据质量管理中，“问题”和“症状”这两个术语经常被交替使用。但它们实际上是不同的。症状是一个问题的迹象或表现，可以观察到并进行评估。症状的发生是问题引起的，例如，保险理赔增加的问题实际上是一种症状，而不是问题本身。导致理赔增加的原因可能包括气候灾难、通货膨胀、经济动荡等。

因此，解决问题的第一步是精确定义问题，并找到根本原因，而不仅仅是停留在表面现象。根本原因分析（RCA）之所以重要，有两方面关键原因：

（1）问题通常以“症状”的形式出现，而不是以“问题”的形式出现。RCA 有助于找到根本原因。

（2）即使问题看上去已经被清晰陈述，也应该深究问题的根本原因。如果没有解决正确的问题，就永远无法消除导致该问题的真正原因，这将导致问题反复出现。

那么，如何识别问题的根本原因，尤其是数据质量问题的根本原因呢？以下是四种常见的工具，可以帮助识别数据质量问题的根本原因。

（1）亲和图：通过归类和组织，查找数据之间的相互关联，识别潜在的根本原因。

（2）故障模式与影响分析（FMEA）：通过系统地评估一个过程中所有潜在的故障模式的严重程度和发生概率，检查每个故障模式的原因和影响，并查找关键的根本原因。

（3）鱼骨图：一种通过图示因果关系，追溯最初的几个可能的根本原因的方法。鱼骨图可以直观地展示问题的多方面原因。

（4）5 个为什么：一种通过重复提出“为什么”的问题，追问问题的前因后果，挖掘出潜在的根本原因的方法。每找到一个答案，再问一次“为什么”，一直追问到不能再提出“为什么”的问题为止。

这四种工具通过不同的方式系统地分析数据质量问题，追溯问题产生的前因后果，并识别出影响最大和最初的潜在根本原因。这些工具有效地支持 RCA，有助于找到数据质量问题的根源，为采取有效的纠正措施提供依据。RCA 和这些实用工具的结合可以针对问题真正做到有的放矢，提高数据质量管理的成效。

4.2.1 亲和图

分类是有效管理问题的第一步，也是基本步骤之一。亲和图（Affinity Diagram）是一种工具，它可以收集大量的想法、意见和问题，并根据它们之间的关联或联系将它们分组或归类，以便进行进一步分析。通常情况下，亲和图遵循三个步骤。

- 收集大量数据，如关于症状和问题上的想法、意见和问题。
- 将列表分组或归类。
- 为这些群体或类别打标签，以供进一步审查和分析。

亲和图制作完成后，可以用它来创建 FMEA（故障模式与影响分析）。亲和图如图 4.1 所示。

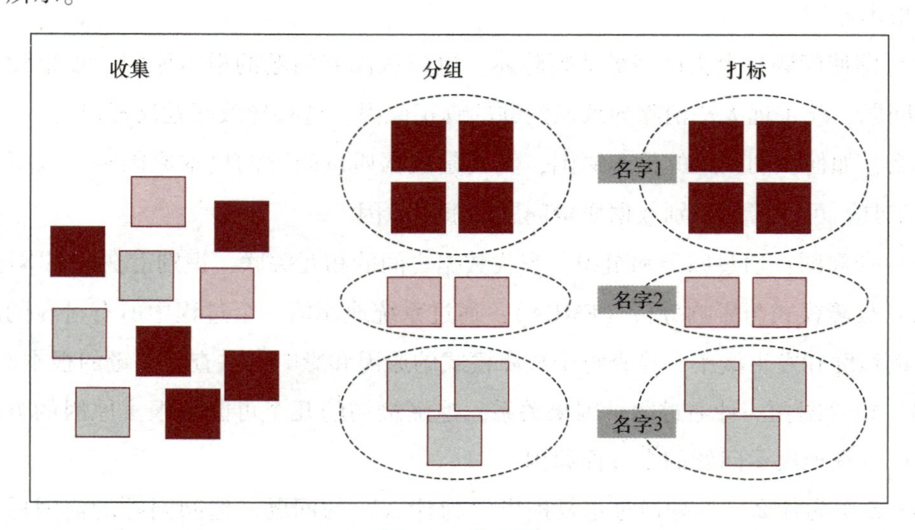

图 4.1　亲和图

4.2.2 故障模式与影响分析（FMEA）

在整理了逻辑标记和分类的数据质量问题列表后，我们需要考虑这些问题对业务的影响。故障模式与影响分析（FMEA）是一种用于识别数据质量问题或故障模式的技术。在 FMEA 中，每个故障模式或数据质量问题都会根据以下三个关键因素进行评估：

- 严重程度（S），评估故障潜在影响的严重程度。
- 发生率（O），评估故障发生的可能性。
- 检测率（D），评估在达到客户之前检测出该问题的可能性。

通常，对这三个因素的评分划分为 1~5 等或 1~10 等，在此范围内数字越高表示该问题的严重性和风险越大。三个得分相乘可产生一个风险优先级数值（RPN），来帮助确定首要解决的问题类别，即 RPN=$S \times O \times D$（见图 4.2）。

问题类别	故障描述	严重程度（S）	发生率（O）	检测率（D）	RPN

图 4.2 FMEA 图

4.2.3 鱼骨图

有了数据质量问题的优先级列表，我们可以选择识别问题并专注于那些具有高 RPN 得分的问题。对于每个问题，鱼骨图（Fishbone Diagram）会分析引发该问题的可能原因，它也被称为因果关系图或石川图。鱼骨图呈现出从每个已确定的问题或症状中分支出来的多个次级原因。为了识别可能的根本原因，该模型使用 6M 模型评估方法论。6M 模型包括：

- 人员（Man）。
- 机器（Machine）。
- 方法（Method）。
- 材料（Materials）。
- 测量（Measurement）。
- 大自然的母亲（Mother nature），即环境。

图 4.3 所示为鱼骨图的应用，用于确定与错误客户地址相关的原因。

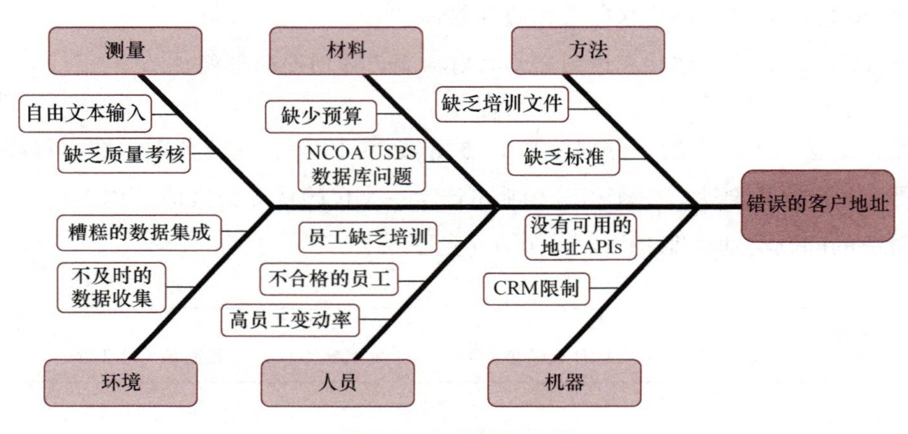

图 4.3　鱼骨图的应用

4.2.4　5 个为什么

要进一步深入研究单个问题或原因，使用“5 个为什么”（5-Whys）的方法非常有用。“5 个为什么”的方法使用一系列问题来逐层深入探讨问题或症状。丰田工业的创始人丰田佐吉在 20 世纪 30 年代开发了“5 个为什么”的方法。基本思想是每次询问“为什么”的答案或原因成为下一个“为什么”的基础。该过程至少持续到提出第 5 个“为什么”。图 4.4 显示了“5 个为什么”的方法。

以下是“5 个为什么”的一个简单示例。

（1）为什么数据管道没有按时部署到生产环境中？

答：因为开发无法按时完成。

（2）为什么开发不能按时完成？

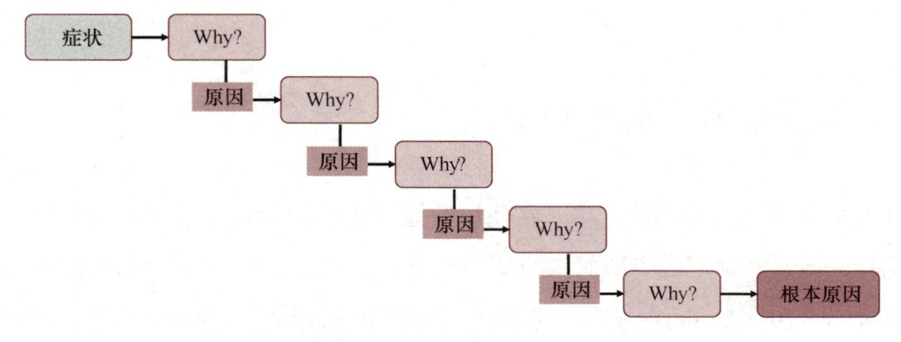

图 4.4　“5 个为什么”的方法

答：因为测试应用程序需要很长时间。

（3）为什么测试应用程序需要很长时间？

答：因为没有可用于测试的高质量数据。

（4）数据质量差的原因是什么？

答：因为数据由未接受培训的用户手动输入。

（5）用户未接受培训的原因是什么？

答：因为公司没有数据素养培训计划。

现在我们知道，由于公司缺乏数据素养培训计划，导致数据管道未能及时部署。图 4.5 展示了运用四种根本原因分析工具，来确定问题根源的集成视图。

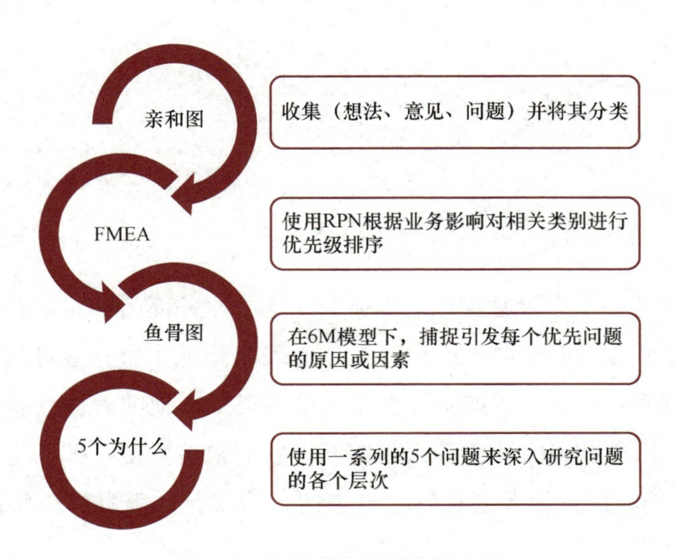

图 4.5　四种根本原因分析工具

4.3 数据质量不佳的典型原因

RCA 是问题解决过程的第一步。在使用前面讨论的四种技术确定根本原因后，下一步是识别相关因素并确定适当的解决方案以供实施。基于广泛的文献调查以及参考阿卡迪·梅丹奇克（Arkady Maydanchik）的著作《数据质量评估》（Maydanchik，2007）中的部分内容，我们总结了导致数据质量不佳的 16 个典型原因。

4.3.1 组织孤岛导致的数据孤岛

如第 2 章所述，业务数据主要分为四种类型：参考数据、主数据、交易数据和元数据。参考数据和主数据通常是企业范围内共享的数据，交易数据则是特定于业务线和业务功能的。然而，如果参考数据和主数据由多个业务部门共同管理，而他们都从自己独特的业务视角查看数据元素，这可能会导致数据质量下降。例如，如果财务部门决定将产品主数据中的安全库存维持在一个较低值（以减少库存成本），那么这个安全库存值对销售和营销部门来说就不是最理想的，因为他们需要高水平的库存以便服务客户。

大多数情况下，导致数据孤岛的根本原因是组织孤岛。

数据孤岛现象的根本原因通常是组织孤岛，这些业务部门不相信共享数据或者认为在整个组织中共享数据没有必要。这种“孤岛心理”降低了整体业务运营效率，主要归因于领导团队之间存在冲突。正如帕特里克·伦西奥尼在他的著作《孤岛、政治和势力斗争》中写道：“孤岛和势力斗争摧毁了组织。它们浪费资源、破坏生产力，并危及组织目标的实现。”他建议领导者通过转变过去的行为来打破孤岛，以解决企业中存在的问题。

4.3.2　对数据的解释和使用方式有所不同

据 Gartner 公司副总裁 Ted Freidman 称，“数据质量是一个业务问题而非 IT 问题。数据质量需要企业承担责任并推动改进”（Saves，2008）。然而，在企业内部，数据的预期用途可能与实际用途截然不同，因为数据具有上下文特性，并且始终与业务流程和数据消费者角色相关联。例如，电话号码字段通常是整个销售过程中的共享元素，在客户主数据中扮演重要角色。客户服务代表可以利用电话号码与客户联系，而税务分析师可以将其用于验证客户司法管辖区代码以及税收代码。例如，212 是美国纽约地区的电话区号之一，因为税收代码也是基于司法管辖权的，税务分析师可能会使用数字 212 来验证客户的税收代码。然而，如果客户未妥善维护电话号码，则税务分析师可能会报告数据质量很糟糕，尽管最初电话号码字段并未设计用于验证和计算税款。

4.3.3　使用频率和用户数量

共享数据会增加数据消费者的数量，但是这些消费者都有不同的隐含需求。例如，销售系统中的订单信息可能为销售总监提供业务销售渠道。然而，如果会计分析师决定使用相同的订单信息来改善未来销售预测，则必须在销售订单中维护交货日期和付款条款。这是因为会计分析师需要同时使用销售和财务数据来改进对未来销售的预测。

此外，随着越来越多的人使用数据，就必须管理和治理更多的数据元素。为了满足多个数据消费者的需求，需要不断增加数据管理和治理的要求，并提高数据质量的各个方面。这种范围的扩大会导致成本和复杂性增加，最终导致数据质量下降。

4.3.4　数据来源和采集的商业案例不足

回到我们前面的例子，有人可能会问，为什么在创建销售订单时不能维护交货日期和付款条款？或者说，为什么不能填充所有数据字段呢？因为填充数据库表的所有字段以符合完整性数据质量维度，也不一定保证有高质量的数据。填充数据库字段不仅需要时间和成本，更需要遵守业务流程或规则。更重要的是，在数据库中填写的字段数值必须与业务流程和用户需求相结合。例如，如果采购部门决定将供应商主数据中的付款条件更新为 45 天，那么必须确保财务部门中应付账款和资金管理团队能够在 45 天内清算供应商发票。

4.3.5 数据搜索和检索的挑战

有时，数据不可用也被视为数据质量差的一种表现。这个问题可能是由于数据元素值本身的缺失，也可能是由于用户执行搜索的方式不正确。例如，假设 Sun Life 保险公司的业务用户正在尝试通过输入搜索参数“Simplified”来搜索健康保险产品简化版的详细信息。但如果该产品在 IT 系统中维护的代码为“SIM LI AUG 2020”，则用户将无法获得任何关于“Simplified”产品的任何搜索结果。大多数搜索问题可以归因于缺乏格式化、采用不一致的分类法、缺乏标准、缺少特征、糟糕的数据治理、数据库限制甚至是缺乏培训等因素。

4.3.6 系统扩散和集成问题

对大多数企业而言，记录系统（SoR）是数据实体的权威来源。记录系统与执行特定业务流程的目标应用程序通过接口传递数据。由于企业通常需要开发各种 IT 系统，因此必须拥有整个企业范围内的数据模型。企业数据模型汇集了不同的应用程序、团队、流程、项目和数据，降低了复杂性，并促进了企业内更好的协作和沟通。然而，往往许多公司缺乏全面的企业数据模型，系统的多样性可能会危及数据完整性；造成这种情况的原因包括语义、语法、商务流程差异、提取时间等方面存在差异以及存在系统漏洞等。

例如，计量单位（UoM）通常取决于它关联的业务实体。企业记录系统（SoR）中的客户年龄可能使用“YEARS”作为计量单位进行量化，而 CRM 系统则可能使用“YR”作为客户年龄的单位。

即使某些数据字段在源 SoR 系统中得到维护，但在将这些数据对象对接到处理特定商务流程的 OLTP 应用程序时，其值也可能发生变化。例如，销售团队可能会将 CRM 系统中“BOB SMITH”客户的年龄单位更改为“MTS”，因为保险费是根据客户的月龄计算的。而从每个利益相关者和系统角度来看，年龄属性的这些值都是正确的。由于业务流程和系统扩散导致差异，各部门数据进行了语境化以满足其特定需求，从而影响了数据的完整性。从根本上说，在数据集成过程中，ACID（原子性、一致性、隔离性和持久性）模型和元数据定义是最容易受到损害的。

4.3.7　消费者和数据发起人之间的不同价值主张

在数据质量方面，数据的消费者通常会比数据的生产者提出更多的问题，这反映了基本的人性。当你创造和拥有某件东西时，你会对它产生所有权感，这种现象通常被称为宜家效应或偏见。宜家效应源于瑞典制造商和家具零售商宜家的名字，是一种认知偏见；消费者对他们自己投入的劳动、情感所创造的产品价值认定过高。在前面的例子中，对于这个计量单位名称，CRM 团队认为客户的年龄值为“YEARS”是有问题的，因为他们需要使用不同的年龄值，即“MTS”。此外，由于业务流程的依赖性，CRM 用户并不是数据的发起者或创建者。因此，当数据传播到不同的业务功能、利益相关者和系统时，数据质量问题变得显而易见，甚至会被放大。

4.3.8　数据规则影响业务运营

业务规则定义了类别、实体和事件等内容，数据规则定义了数据库属性，例如，字段长度、类型、格式和其他技术元数据。例如，在 IT 系统中定义了一个数据规则，产品描述的字段长度限制为 30 个字符，如果某些实际产品描述达到 43 个字符，则无法维护该产品的完整详细信息。这会影响数据质量维度的完整性、准确性和正确性，最终影响数据质量。这个例子表明，数据规则也会对业务绩效产生影响，并使得数据实体和事件之间的关系变得更加复杂。

另一种情况是当企业从外部机构购买第二方和第三方数据时，也可能会出现由于不同机构之间存在差异而导致的问题。许多企业认为从 AC Nielsen、IHS、Bloomberg 等机构购买的数据质量一定很高。但不幸的是，并非总是如此，因为数据供应商也存在着与年龄相关的问题、上下文匹配问题、字段滥用以及其他与数据质量有关的问题。

4.3.9 数据质量具有时间敏感性

尽管许多业务流程是异步和解耦的，但数据可用性的时机（即时效性和及时性等数据质量维度）可能也会导致数据质量问题。例如，假设创建了一个采购订单（PO），其中包含了国际贸易术语 CIF（成本、保险费和运费）。国际贸易术语是预定义的业务术语，通过帮助不同国家的交易者相互理解来简化国际贸易。在供应商收到采购订单到交付货物期间，供应商的谈判可能导致国际贸易条款更改为 CFR（成本加运费）。因此，会计团队将可能面临在不同文档（采购订单和交付单）之间对账条款代码的挑战。

本质上，数据值会随时间变化。例如，在美国，估计每年有60%的用户的电话号码会发生更改。如果与电话字段相关联的数据记录没有保持最新，就会影响数据质量。此外，公司目标和战略也随着发展而变化，包括开业、增长、收购、改名、破产和分拆。如果不定期进行数据验证，数据质量就会下降。如第 3 章所述，在一般公司中，数据质量平均每个月下降 2%~7%。

4.3.10 数据质量改进的结果通常是短暂的

当企业变化和发展时，如果没有加以控制，数据质量就会下降。例如，业务需求、实体关系、元数据定义、数据结构和系统配置等因素会随着时间的推移而不断变化。基本上，如果没有定期进行控制或管理，数据质量就会逐渐下降。如果在整个数据生命周期中没有维护测量和控制数据质量的检查，那么数据质量的下降通常是逐步递增的。数据治理在数据质量方面起着关键作用，并且有效的数据治理对于成功实施数据质量计划至关重要。数据治理是 DARS 方法论中持续阶段的一部分，第 10 章对此进行了详细介绍。

4.3.11 数据转换和迁移问题

在《数据质量评估》一书中，作者阿卡迪·梅丹奇克（Arkady Maydanchik）写道，“企业中的数据库很少从空白开始”（Maydanchik，2007）。通常情况下，数据的产生和采集始于某个旧有数据库的数据转换或迁移。虽然数据转换和迁移的主要目的是将数据导入企业系统，但这类项目通常具有高风险、耗时和复杂的特点。在进行数据转换和迁移的期间，为了管理项目约束，填充数据成为最主要的关注点。然而，与数据质量相关的方面，例如，业务规则、数据规则和用户界面层等，则往往不太受到重视。

4.3.12　接口数据交换

接口数据交换即接口数据集成交换，尤其是那些大型 OLTP 之间大量和定期的数据交换，也是出现低质量数据的一个重要原因。在这方面，主要有两种情况会影响数据质量：

1. 系统变更

当源 OLTP 受到系统变更、更新和升级的影响时，其数据结构和数据模型通常会发生改变。这反过来会影响从源 IT 系统到多个目标 OLTP 系统提供的接口数据。如果开发人员有意识在公司命名空间中管理这些开发对象，就没有太大风险。但如果没有对公司命名空间进行管控，则在产品升级期间有丢失更改的风险。在这方面，命名空间唯一标识了一组名称，以便当具有不同起源但可能有相同名称的开发对象，可以无歧义地共存在一个计算环境中。

2. 自动化

由于接口数据交换通常是以自动化的方式处理大量数据的，因此低质量数据会快速传播，这会导致数据质量下降的风险很高。任何进入源系统的低质量数据都将不可避免地流向多个目标系统。这些“坏”数据记录将用于业务活动，在目标系统中导致更多数据被污染。当参考数据和主数据的质量受到影响时，此类影响会更加严重，因为这些数据元素会被用于创建交易数据。

4.3.13　系统升级

数据元素经常面临被错误应用、未被完全填充、未转换为系统可接受的形式等情况。

基本上，在手动输入数据时，用户会试图通过调整数据规则来强制输入数据。而业务流程和 IT 程序会信赖这些异常处置，导致潜在的数据质量问题。例如，如前所述，一段编程代码可能存在以客户电话号码的前三个字符来分配税收代码的功能。然而，在系统升级中，特别是在商业成品系统中，程序是根据预期数据格式要求进行设计和测试的，并没有考虑实际的数据情况。

4.3.14 手动错误

通过人工输入、编辑和操作的数据是数据质量不佳的最大来源之一。在这方面，导致数据质量不佳的最常见原因是手动输入数据。传统上，手工输入涉及将各种文档中的数据转移到交易系统中，然后保存下来。手动输入的数据通常源于烦琐和不一致的数据输入表单、纸质文件和其他手动流程。手动错误也可能是缺乏培训或简单疏忽造成的。因此，在某些情况下，为了改善数据质量的可访问性和时效性，需要花费大量时间进行数据整理。一个常见的例子是：在输入涉及长期高价值供应商合同时，合同中往往包含太多复杂的条款、条件以及细节。在输入此类复杂高价值合同过程中，由于一些疏忽与不规范的操作难免会造成输入错误与信息遗漏，这可能导致合同执行过程中的纠纷与经济损失。根据 TDWI（数据仓库研究所）进行的一项调查，有 76%的受访者表示手动录入是导致数据质量不佳的头号原因（Eckerson，2002）。

4.3.15 数据库设计不良

如果数据库本身设计很糟糕，则无法确保数据完整性。即使进行了大量的数据治理，如果数据库设计糟糕，则任何数据治理措施都可能无济于事。在定制系统中，糟糕的数据库设计非常普遍。如果没有得到有效的解决，将会对数据完整性产生负面影响。这些方面包括：

1. 数据规范化

规范化是指通过精细处理表、键、列和关系来创建一个专门用于查询和搜索的高效数据库。它可以优化数据定义、消除重复性以及不必要的依赖关系。

2. 数据完整性

规范化的主要目的是尽可能减少冗余，同时消除由于插入、更新和删除操作而引入的潜在异常情况。然而，为了确保数据库内容准确且一致，数据完整性也非常重要；可以通过正确使用四类规则，即实体完整性、参考完整性、域完整性和业务完整性（如第 3 章所述），保障数据的完整性。

4.3.16 不当的数据清除和清洗

数据清除（Data Purging）是从存储空间中擦除和删除数据的过程。如前所述，数据可以有多种解释和用途。在大多数情况下，无法准确判断数据清除操作可能影响的数据使用者。因此，通常仅在征求了少数利益相关者之后就实施了数据清除和清洗操作，而忽略了大多数利益相关者的意见。

4.4 关键要点

以下是本章的主要收获：

（1）数据退化可以是：物理上的数据退化，如服务器崩溃、硬盘损坏、数据记录被清除而无法追踪等；逻辑上的数据退化对业务影响更大且常见，由于数据质量维度受到损害而发生。

（2）理解逻辑上的数据退化的根本原因将有助于企业提高数据质量并防止问题再次发生。找出问题的根本原因很重要，因为如果没有确定和解决正确的问题，就永远无法消除真正的原因。实际上，根本原因分析应该是解决问题过程中的第一步或开始。

（3）在进行根本原因分析并解决根本原因后，企业可以防止数据质量问题再次发生，从而为公司节省时间和金钱。

（4）可以辅助识别数据质量问题根本原因的最常用工具有：亲和图、故障模式与影响分析（FMEA）、鱼骨图、5 个为什么等。

（5）经过文献调查和二次研究，我们发现了造成低劣的数据质量的 16 个典型原因。

本章讨论了这 16 种最典型的原因，但这些并不构成一个完整的列表。但本章讨论的四种根本原因分析工具应该有助于确定与组织数据质量相关的根本原因。

4.5 结论

当你手腕骨折时，止痛药有用吗？你需要找到问题的根本原因才能治愈骨头。所以当你遇到数据质量问题时该怎么办呢？你是直接处理症状，还是优先通过深入分析来检查是否存在更深层次的问题呢？基本上，如果只修复表面上看到的症状，问题肯定会再次出现，并且需要一遍又一遍地修复。根本原因分析有助于首先回答“为什么产生了这个问题”，确定一个问题的起源并找到其根本原因，从而防止该问题再次发生。在本章讨论的 16 个典型原因是行业中最常见的数据质量问题根源。此外，数据团队可以应用本章讨论过的四种根本原因分析工具来进一步识别与组织相关的造成数据质量问题的根本原因。

参考文献

Eckerson, W. (2002). Data quality and the bottom line. TDWI. http://download.101com.com/pub/tdwi/Files/DQReport.pdf.

Maydanchik, A. (May 2007). *Data quality assessment*. Technics Publications.

Saves, A. (January 2008). Firms need data stewards to optimize business initiatives. http://www.computerweekly.com/news/2240084684/Firms-need-data-stewards-to-optimise-business-initiatives.

Southekal, P. (2017). *Data for business performance*. Technics Publications.

5

第 5 章

数据生命周期和数据血缘

5.1 引言

业务数据具有明确的生命周期，并遵循定义好的流程。数据生命周期（DLC）是数据在组织中存在的整个时间阶段。这个生命周期涵盖了数据经历的所有阶段，需要在数据整个生命周期内实现端到端有效和高效管理，并提供相应的政策和程序。实现高质量的数据需要深入理解和分析 DLC，原因如下：

（1）数据是业务现实情况的反映。就像企业在发展过程中会发生改变一样，数据状态在生命周期的不同阶段也会发生变化，理解这些变化非常重要。

（2）了解数据生命周期各阶段的关键利益相关者为数据增加了哪些价值。

（3）数据管理涉及从起源到归档或清除的各个阶段，必须理解和管理各阶段所涉及的风险。

5.2 数据生命周期

在这方面，数据生命周期可以从两个主要视角来看，即业务视角和 IT 视角。

5.2.1 业务视角的 DLC 阶段

DLC 是数据在组织的 IT 环境中存在的整个时间段。从业务角度来看，大多数数据经历了八个关键阶段：产生、采集、验证、处理、分发、聚合、解释和消费。下面详细讨论这八个关键的阶段。

1. 产生

在大多数情况下，业务数据以非结构化或原生格式存在，如文本、图像、音频和视频，应用于运营和合规需求。数据的产生有两种主要形式：人工或机器。当数据由人工产生时，它可能直接来自单个人或来自作为工作流机制的一组人。当业务流程是离散型时，数据来源是人工输入的，并且数据也是离散的，如合同和订单。但某些业务数据也是由机器生成的。

当数据来自机器时，其产生速率和数量显著高于人工的方式。机器生成的数据是物联网（IoT）的生命线。例如，汽车保险公司在车辆上使用用于跟踪驾驶行为的跟踪器；公用事业公司采用智能家居 IoT 设备连接并与客户交互，以了解他们对公共事业服务的消费情况；可穿戴设备中收集到的身体信息，可以揭示人体的物理和化学指标变化，这有助于评估个体的健康状况。

2. 采集

一旦有了数据生成的需求，就必须进行数据采集。无论是由人工还是机器完成，数据的生成都是以可读格式获取新数据或更新现有数据的过程。在大多数情况下，这些数据被格式化并在 IT 系统的数据库中保存为结构化数据。但最近，越来越多的非结构化形式的数据也被采集到 IT 系统中。不管怎样，数据采集过程可以是手动的，也可以是自动的。

（1）手动采集（Manual Data Capture，MDC）适用于少量或需要人工判断的临时数据采集。

（2）当存在大量、明确定义且可预测的数据时，通常使用自动识别和数据捕获（Automatic Identification and Data Capture，AIDC）技术将其自动地输入计算机系统中。这些机制包括条形码、RFID（射频识别）、智能卡、视频和音频识别软件等。虽然部分自动采集到的信息是有意义的，但仍有相当数量的“影子”数据。“影子”数据是自动数据采集过程的副产品，其中包含身份验证、传感器、通信元素等相关信息内容。由于该类数据量非常大，AIDC 技术为数据量的增加做出了重要贡献。

第 9 章将探讨这两种方法在采集交易数据时的应用。

3. 验证

一旦数据被采集后存储在 IT 系统中，就必须进行验证。数据验证是确保 IT 系统中的应用程序处理高质量数据的过程。在数据采集期间会对一定数量的数据（尤其是结构化数据）进行数据验证，确保遵守数据字典或元数据规范。但大部分验证是由交易应用程序在数据准备处理之前进行的。此外，如果该数据元素受到内部或行业标准的约束，则可以手动执行验证。例如，美国邮政服务（USPS）开发的编码精度和支持系统（CASS），可在保存地址之前按照 USPS 规格验证美国邮政地址。

4. 处理

数据处理涉及系统性的操作，如分类、排序、搜索和计算，使得数据转化为有意义或有用的信息。处理通常是从原始数据中挖掘有意义的模式的第一步。数据处理的有效性取决于数据类型（名义型、序数型或区间型等），这些数据类型已经在第 2 章“业务数据视角”部分进行了讨论。如果数据是区间型的，则统计处理的效果将会很好，特别是在从分析中获得洞察时。换句话说，选择哪种数据算法取决于所使用的数据类型。例如，如果回归分析中的自变量和因变量属于区间型数据，则使用多元线性回归算法；如果相关性分析中的变量属于区间型或分类型数据，则使用四项式相关或克拉默 V 相关算法。

大多数的数据处理发生在类似 ERP 和 CRM 的交易应用系统中，在这些系统中，数据通常以结构化格式存在。处理结构化数据相对简单，因为应用程序可以直接编写处理逻辑。相反，处理非结构化数据需要先将其结构化到适当的数据模型中，然后才能进行处理。从技术角度来看，有多种数据处理方法：

（1）单用户编程。通常由单一特定的应用程序完成。

（2）多用户处理。在这种类型的数据处理中，多个处理器同时处理同一数据集，以产生连贯一致的输出。

（3）批量处理。在批量数据处理中，数据被收集并分批进行处理，主要应用于数量庞大的同质数据情况。

（4）实时处理。在这种技术中，用户直接与系统交互以完成一项任务。该技术也称为直接模式或交互模式技术。

（5）在线处理。这种技术可以直接输入和执行数据，而不需要存储要处理的数据。使用该技术可以在输入数据时验证数据，以确保数据库中只包含正确的数据。在线处理技术被广泛用于 web 应用程序。

（6）分时共享系统（Time-Sharing Processing）。这是在线数据处理的另一种形式，可使多个用户共享系统资源。当需要快速得到结果时采用此技术。

（7）分布式计算（Distributed Processing）。在这种类型的数据处理中，多个独立节点可以同时使用相同程序、功能或系统来提供所需要的能力。

这些技术都有其特定的应用场景，在今天以数据为核心的环境下，批量、实时、在线和分布式计算系统已广泛地应用于数据处理过程中。

5. 分发

数据分发或集成是将来自不同源系统的多样化数据汇聚到一起，形成统一视图的过程。数据分发或数据集成涵盖三个关键功能：传输、转置和编排。

（1）数据传输是将数据从一个系统向另一个系统移动或传输数据。例如，将 CRM 系统的销售报价数据传输到 ERP 系统进行订单处理。

（2）数据转置是将数据从一种格式转换为另一种格式。例如，将价格数据从加拿大元转换为美元，以使财务报告符合美国总部的通用会计准则要求。

（3）数据编排是按照它们之间的关系和依赖性，对所有数据集成任务进行排序的过程。数据协调解决方案是基于有向无环图（DAG）的概念，用于管理数据集成作业和相关文档。

6. 聚合

聚合（或“整合”）是通过将来自不同来源的大量数据合并到一个规范化的数据库中的过程。其目的是创建一个单一、统一的数据视图，可用于分析和决策。整合的过程包括减少重复项、引入标准化、执行有效性检查、清理错误数据、填充缺失值，并最终以统一、更有价值的形式呈现数据。

由 Matillion 和 IDG 委托进行的市场调查发现，为了从企业层面获得洞察，企业平均使用了超过 400 个不同的系统（King，2019）。在进行数据聚合时，通常会直接使用提取、转换和加载（ETL）技术从数据库中处理数据，并跳过应用程序逻辑。整合或 ETL 过程的产出通常是数据集市、数据仓库（DWH）、数据湖和数据湖仓，随后可供商业智能（BI）和分析系统使用。

7. 解释

数据解释可以定义为三个元素的组合：分析、综合和评估。

（1）分析（Analysis）确保当信息被拆分时，可以追溯到具体的各个数据元素。注意，此类分析是针对历史表现的，而不像预测分析那样同时考虑历史和未来。

（2）综合（Synthesis）是从数据中构建信息的过程，即寻找模式。

（3）评估（Evaluation）是通过结合综合和分析的结果，以作出达成特定目标的判断。

8. 消费

在数据生命周期的消费阶段，重点是从数据中实现价值结果。如前所述，数据主要用于运营、合规和决策三个业务目的。运营数据用于公司开展日常业务。合规数据的使用可以确保企业遵守行业标准、安全政策和政府法规。在决策角度，数据消费包括获取洞察力、可视化数据和洞察、做出决策并为业务行动提供建议。

关于数据可视化，可以以三种不同形式查看数据和洞察：

（1）来自 OLTP 系统的交易报告。

（2）来自 OLAP 系统的 BI 报告或分析（预测性和指导性）报告。

（3）来自 OLTP 和 OLAP 系统的仪表板。

5.2.2　IT 视角的 DLC 阶段

以上八个业务视角的 DLC 活动都是在安全存储的 IT 系统中执行的，其中包括安全备份、归档、清除和灾难恢复（DR）。因此，我们可以将存储和安全视为 DLC 中的两个重要功能。在将数据应用于业务流程时，存储和安全必须贯穿数据生命周期的每个阶段。

1. 存储

数据存储是数据在IT系统中的物理存储。有两种主要的数据存储方式：主存储和辅助存储。

（1）主存储指处理器直接可访问的内部存储，包括内部存储器（寄存器）、高速缓存（缓冲存储器）和主板上的主内存（RAM）。主存储器中的数据具有易失性，并且是不可移动的。

（2）辅助存储涉及长期保存时所需的数据存储。辅助存储器结构是非易失性设备，可以保持数据直到被删除或覆盖。常见的辅助存储装置包括磁盘、光盘、硬盘、闪存和磁带等。

此外，数据归档和清除阶段也涉及存储。数据归档是指将数据从活跃使用状态转移到非活跃使用状态；数据清除是指永久删除存储装置上保存的数据。由于存储成本的急剧下降以及合规性要求日益严格，企业更倾向于频繁地对其进行归档而非清除。总之，一旦数据不再适用于生产环境，就可将其移至低成本的本地存储或云存储。

2. 安全

数据安全是指保护数据免受破坏性力量、未经授权的用户或系统的侵害，以维护其完整性。从IT角度来看，数据安全包括身份验证、授权和机密性措施，最终目标是防止未经授权的访问并保护数据免受损坏和丢失。无论数据处于运动还是静止状态，都需要考虑数据安全。有关详细信息，请参见第11章中有关数据安全的内容。

综上所述，共有10个DLC活动；其中8个侧重于业务，2个侧重于IT。图5.1显示了这10个业务和IT方面的DLC活动。

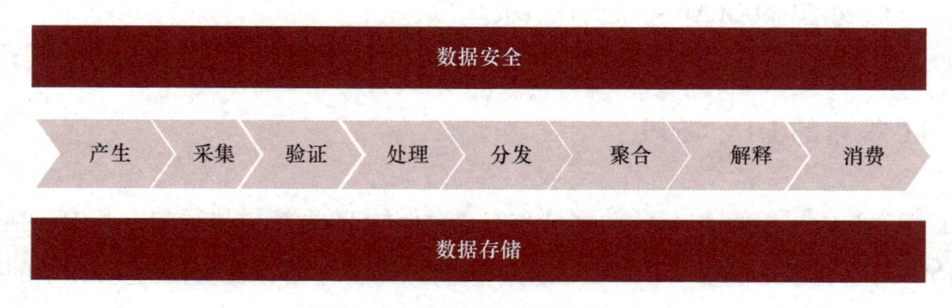

图5.1　数据生命周期的活动

5.3 数据血缘

数据血缘是与数据生命周期密切相关的概念，它指的是数据从产生到消费的数据流动情况，包括在生命周期中经历的所有变化过程，例如，数据如何转换、哪些属性和值发生了改变、何时改变以及更多细节。根据 DAMA-DMBOK 数据管理框架，“数据血缘描述了从数据源头到当前位置以及沿途对其进行修改的路径”。这个过程类似于“族谱”，帮助我们理解数据从产生到消费流动的过程（DAMA-DMBOK，2017）。

数据血缘非常重要，因为交易性规范系统（如数据仓库、数据湖和数据湖仓等）包含来自各种数据源的不同格式的数据集，并且数据量以极快的速度增长。例如，数据湖可能包含图像、视频文件、日志文件、文档、原始文本或文件和 JSON、CSV、Apache Parquet 或 Optimized Row Columnar（ORC）等格式文件。在这种复杂的数据环境中，手动跟踪数据流以了解数据的来源和潜在变化将非常困难。因此，数据血缘侧重于通过查看数据流中的上下游系统来验证数据的准确性和一致性，以发现异常并帮助纠正它们。

数据血缘解决方案的工作原理是怎样的？通常情况下，良好的元数据管理或者数据字典管理是数据血缘管理实践的前提。数据血缘技术有很多种，如基于模式的血缘、数据标记、解析等。所有这些技术都侧重于元数据和实际数据本身，以跟踪数据问题。有效的数据血缘应该包括关系、虚拟数据集、转换、提取和查询等要素，以全面了解关键数据对象的位置，尤其是数据对象如何影响业务 KPI。

为什么需要考虑数据血缘？对企业有什么价值？数据血缘可以帮助展示数据在整个生命周期中从产生到消费的完整流转过程。鉴于数据集成是数据工程的重要组成部分，数据血缘提供了整个生命周期中数据的审计跟踪。数据血缘不仅有助于解决问题，还使您能够通过跟踪变化、如何执行变化以及谁执行了变化等来确保数据的完整性。GDPR、CCPA 和欧盟 Solvency Ⅱ（保险偿付能力监管标准）等法规都有数据血缘要求。具体而言，数据血缘有助于以下方面：

1. 更好地了解数据对法规的影响

公司的会计和监管框架需要在报告和分析中展示数据如何使用和流动的证据。数据血缘提供了有关更改对数据的影响。采用数据血缘是符合美国《健康保险可携性和责任法案》（HIPAA）、美国《萨班斯-奥克斯利法案》（SOX）和欧盟《通用数据保护条例》（GDPR）等法规要求的重要步骤。

2. 可视化数据流程

随着每个企业变得更加注重数据，组织内财务、风险和 IT 部门之间的协作非常重要。通过良好的视觉效果揭示数据流动过程，从而为利益相关者创造更高的透明度。

3. 审计试验

在如今的报表环境中，它已经从使用聚合数据转向使用细粒度或详细的数据。企业通常难以从最终报表中的数字追溯到数据的初始来源，并识别生命周期中的数据转换。

4. 机器学习影响

数据血缘提供了有关机器学习（ML）模型漂移影响的洞察。模型漂移是指由于数据输入和输出变量之间的关系发生变化而导致 ML 模型性能下降的情况。

总体而言，数据血缘增强了对数据转换和报表生成过程的控制。这反过来有助于提高数据质量，促进与监管机构、会计审计师以及内部业务利益相关者的高质量沟通。

5.4 关键要点

以下是本章的主要内容：

（1）数据质量从根本上讲是一个业务问题，而不是 IT 问题。

（2）业务中的数据具有确定的生命周期，并遵循确定的流程。数据生命周期是数据存在于组织中为实现业务目标的整个时间段。

（3）由于三个关键原因，正确理解数据生命周期非常重要：

1）数据是业务现实情况的反映。对生命周期的正确理解提供了数据在其生命周期不同阶段发生变化的方式。

2）了解关键利益相关者以及他们在数据生命周期的不同阶段为数据增加的价值。

3）理解从起源到归档和清除所涉及的数据治理和管理方面的风险。

（4）数据生命周期包括 10 个活动，可以分为两种类型：8 个业务活动和 2 个 IT 活动。

（5）与数据生命周期密切相关的概念是数据血缘。数据血缘是指数据从产生到消费之间流动的所有变化过程，即如何转换、哪些属性和值何时发生变化等。数据血缘有助于展示整个生命周期中端到端的数据流动过程。

5.5　结论

数据质量问题本质上是一个业务问题，而不是 IT 问题。随着企业采集的数据越来越多，管理数据质量也变得越来越重要。要解决数据质量问题，企业需要了解引发数据质量问题的根本原因，并在整个数据生命周期内管理数据。数据生命周期涵盖了数据的产生以及数据随时间变化的转换和移动过程，从而帮助企业了解数据的血缘和影响。了解数据生命周期和数据血缘，可以帮助企业更好地了解数据本身以及数据与业务之间的联系；跟踪数据的变化流向和处理过程，能快速识别潜在问题。除此之外，了解数据生命周期和数据血缘还有助于企业降低数据泄露风险，确保数据安全性，并防止敏感和关键性信息被滥用。

参考文献

DAMA-DMBOK. (August 2017). *Data management body of knowledge*. 2nd ed. Technics Publications.

King, T. (November 2019). Companies are drawing from over 400 different data sources on average. https://solutionsreview.com/data-integration/companies-are-drawing-from-over-400-different-data-sources-on-average/.

第6章

数据质量分析

6.1 引言

在之前的章节中，我们讨论了数据是一种有价值的业务资产，当其处于较高质量时可以改变业务绩效。虽然许多公司都受到低质量数据的困扰，但很少有人对数据质量水平有深入了解。然而，在修复数据质量之前，您需要充分了解企业当前的数据质量状况，以便知道需要修复什么。那么，如何客观地评估数据质量呢？客观评估数据质量的解决方案是使用正确的关键绩效指标（KPI）来剖析数据。

关键绩效指标（KPI）是一个可衡量的值，它能显示被评估对象实现其关键目标的有效程度。在设计与数据质量相关联的 KPI 时，建议遵循三个重要规则（Southekal，2020）：

（1）你为什么想知道？你想知道多少？知道和不知道的价值是什么？

（2）谁拥有这个 KPI？确定 KPI 的所有权是实现变革的关键。

（3）KPI 所有者是否接近数据？如果数据质量 KPI 的所有者接近数据，那么他们能更好地了解数据质量问题在业务流程和实施变革中的作用，更容易监测和改善数据质量。

从广义上讲，数据质量问题，特别是逻辑数据退化问题，可以分为可见的数据质量问题和隐藏的数据质量问题两种。可见的数据质量问题很容易被观察到和解决，并可以为公司带来有形和即时的价值。但是，随着深入挖掘，可见的数据质量问题数量迅速减少，并且变得更加难以识别和描述，最终成为隐藏的数据质量问题。这些通常是许多数据质量问题的根源。然而，由于其隐藏性，尽管对业务绩效产生了重大影响，但它经常被忽视。基本上，相对于隐藏在数据质量水线下方的那些更深层次的不可见成本，质量差的可见成本只是数据质量冰山的一角。图 6.1 对此进行了说明。

图 6.1 数据质量问题

数据剖析是发现数据质量问题的方法，适用于可见的和隐藏的数据质量问题。具体而言，数据剖析是全面检查、分析和创建一些有用的指标，以发现数据质量问题、风险和总体趋势的过程。其目的在于揭示与元数据、数据结构、数据完整性、安全性、可访问性、及时性、缺失值等各种数据质量维度相关问题的根本原因。

那么，数据剖析有哪些业务价值呢？从根本上说，进行数据剖析有两个主要好处。

首先，数据剖析有助于评估表现并加以改进。在任何领域中，对现状进行评估都是理解问题和采取措施的关键组成部分。数据剖析提供了一种科学的方法来评估数据质量，从而帮助企业了解问题的本质，识别潜在的根本原因，并设计相应的解决方案以改进数据质量。

其次，数据剖析可以帮助企业实现重要的 1-10-100 质量规则以节省资金。这些规则指出，用于预防的 1 美元将节省 10 美元的纠正费用和 100 美元的故障费用。

6.2 数据剖析的标准

数据剖析为企业提供了衡量和管理绩效的可视性。然而，由于存在各种不同类型的数据，因此需要确定对哪些数据进行剖析。度量值驱动业务行为、结果和组织文化（Southekal，2020）。在数据度量中，最关键的方面是确定实体，即用于度量的数据元素。它们是关于业务类别的参考数据，还是关于业务实体的主数据，又或是关于业务事件的交易性数据呢？

总体而言，与参考数据和主数据相比，交易数据更适合用于衡量和改善业务绩效。以下是五个将交易数据纳入数据剖析或评估的主要原因：

（1）企业在运营过程中通常受到资金、时间、技能、机器等资源的限制。因此组织会非常谨慎地使用这些资源。交易数据代表了业务资源的消耗，并向企业提供有关如何管理这些资源的洞察信息。

（2）交易数据代表财务价值，因此对企业财务状况有直接影响。相比之下，参考数据和主数据元素往往没有实际财务价值。例如，在 CRM 系统中可能有 50 万名客户（主数据），但在过去 12 个月中有多少客户实际上下了订单（交易数据）？因为客户只有发出采购订单才能给公司带来收入。

（3）交易数据在会计方面具有双重效应，即每个接收到的价值都有一个对等的付出价值。因此，遵守会计准则如 IFRS（国际财务报告准则）和 GAAP（普通公认的会计原则）均是基于交易数据的准确性和完整性。相比之下，参考数据和主数据元素除数据隐私外，没有太多合规需求。因此，度量交易数据就是衡量合规水平。

（4）交易数据也是交易相关方的约束文件。每笔交易都是在两个当事人之间进行的，而交易对手就是该交易中的另一方当事人。交易数据作为法律记录，在发票、订单、汇款通知书、装运单等当事人之间提供服务，并帮助评估企业与内外部不同利益相关方之间建立的关系。

（5）交易数据的属性值是定量的，能够促进绩效比较和决策制定，度量交易数据通常是恰当的做法。在实践中，评估 KPI（如中心性 KPI 和变异性 KPI）需要具备数值属性，而交易数据提供了数值或定量属性。这使得交易数据能够获得计算、比较和决策所需的统计能力。

在根据上述五个原因选择了交易数据类型后，企业如何利用交易数据来衡量和管理业务绩效呢？虽然企业拥有许多类型的交易数据，但并非所有交易数据都能为业务带来相同的价值。因此，企业需要从大量的交易数据要素中，选择最相关和最有价值的要素来衡量和管理业务表现。

第一，所选的交易数据应与企业的三个战略目标之一密切相关，即增加盈利能力、降低开支或降低风险。换句话说，所选的交易数据应产生强烈的业务影响。研究表明，明确定义目标可以帮助企业掌控方向，并增加实现业务目标的概率（Southekal，2020）。在制定基于 KPI 驱动目标的具体声明时，可以利用平衡计分卡（BSC）和目标问题度量（Goal-Question-Metric，GQM）等绩效框架（Southekal，2014）。

第二，所选择的交易数据元素应能受到业务的影响和控制。例如，原油价格是石油公司的一个重要的交易数据元素，因为价格是随时间变化的。但原油价格是由全球供应、需求和地缘政治决定的，企业对这些因素没有影响力或控制力很小。因此，试图衡量原油价格几乎没有业务效用。另一方面，公司对于向供应商发出的采购订单有很好的控制，因为它可以直接控制和影响与物品、数量、价格、供应商等相关的决策。因此，度量受组织影响和控制的采购订单更为适宜和合理。

第三，所选择的交易数据应该有助于进行业务优化；它应该能够对业务流程进行持续的度量。换句话说，所选择的交易数据不应该处于非经营活动中，也就是说，不应该是公司日常活动之外的活动。如果交易数据没有被计入营业收入或息税前利润（EBIT）的计算中，那么衡量它可能没有太大意义。如今，业务规则正在迅速变化。如果企业在快速有效地适应数据和数据分析洞察力方面进展缓慢，那么它们最终都会失败。因此，衡量交易的业务绩效不应是一次性的事件，它应该是一个持续的过程，这样业务才能得到持续优化。

第四，如果在多个交易数据要素中存在选择冲突，则应选择具有最高变异系数（CV）的交易数据，因为高变异提供了改进的空间。变异系数是相对变异性的度量，在以下章节中将详细讨论。从技术上讲，高变异系数是均值周围分散程度的一种度量。在业务术语中，高变异系数确定波动或可变性的数量。企业一般不喜欢变化。关注高变异系数可以提供减少业务流程变化、降低成本和提高质量的机会。

在剖析交易数据时，特别是使用 KPI 进行剖析时，通常有两个主要度量领域：中心性度量和变异性度量。下一节将详细讨论这两个领域。为了更好地解释这些度量概念和相关 KPI，我们将使用表 6.1 所示的运输公司销售订单数据样本表进行说明。

表 6.1 运输公司销售订单数据样本表

销售订单标识符	1	2	3	4	5	6	7	8	9
金额（千美元）	2	4	3	3	1	6	4	24	7

在第 2 章中我们从分析视角讨论了数据类型，可以广泛分为四种：

（1）名义型数据：用于文本和分类数据。

（2）序数型数据：用于排序或排名数据。

（3）区间型数据和比率型数据：用于数值或定量数据。

选择交易数据类型非常重要，因为计算中心性和变异性的统计技术取决于数据类型。

6.3 测量中心性的数据剖析技术

中心性 KPI 或集中趋势 KPI 是一个最能代表整个数据集特征的数字，其中数据集可以是样本数据或全量数据。从技术上讲，中心性是表示给定数据集的中心点或中心位置的数字。常见的三种测量中心性的标准为：众数、中位数、平均数。

6.3.1 众数

众数（Mode）是列表中出现频率最高的值。在给定的运输公司销售订单数据样本表的示例中，销售订单金额中的众数为 3 和 4，因为它们出现了两次，比其他数字出现的次数多。尽管可以在处理任何数据类型（名义型、序数型、区间型或比率型数据）时使用众数，但众数是集中趋势度量中使用最少的一种。

6.3.2 中位数

中位数（Median）是按从小到大或从大到小排序后列表中的中间位置值。在给定的运输公司销售订单数据样本表的示例中，当数据按从最小到最大排列时，将为 1、2、3、3、4、4、6、7 和 24。该列表中的中间值是第五个数据元素，即 4。因此，销售订单金额中的中位数为 4。对于偏斜分布或具有异常值的分布来说，中位数是一种非常有用的集中趋势度量方法。例如，在收入分布方面具有高度偏斜的特征，因此，通常使用中位数作为集中趋势度量方法。

6.3.3 平均数

从技术上讲，有三种类型的平均数（Mean）：算术平均数、几何平均数和调和平均数。

算术平均数是通过将数字相加并将总和除以列表中的数字数量来确定的。这通常是指“平均数”。在上面的例子中，销售订单金额的算术平均数或者说是销售订单金额的平均数 $=(2+4+3+3+1+6+4+24+7)/9=54/9=6$，即 6000 美元。虽然算术平均数考虑了数据集中的所有数据点，但如果数据集包含异常点或极端值，则可能会扭曲其真实意义。

除算术平均数外，还有两种其他类型的统计值：几何平均数和调和平均数。几何平均数是对所有数字的连乘积开 n 次方根，其中 n 为数字个数。如果数据仅包含两个数字，则对这两个数字的乘积进行开方，得到的值就是它们的几何平均数。对于三个以上的数字，则使用开立方根等方法进行计算。例如，如果数据为 3 和 8，则几何平均数是 $\sqrt{3\times8}\approx4.9$；如果数据为 2、3 和 5，则几何平均数是 $\sqrt[3]{2\times3\times5}\approx3.1$。

调和平均数，也称为加权平均数，是将数值的数量除以各数值的倒数之和得出的。例如，如果数值为 3 和 8，则调和平均数为 $2/(1/3+1/8)\approx4.36$；如果数值为 2、3 和 5，则调和平均数为 $3/(1/2+1/3+1/5)\approx2.9$。

现在有三种不同的方法来计算数据集的平均水平或者统计量。应该使用哪一种呢？尽管算术平均数是最常用的统计量，但它要假设每个数据点都是独立的。但在包含异常点时，算术平均数可能不适合分析。

另一方面，如果这些值彼此依赖且波动较大，则最好使用几何平均数。在金融领域中，几何平均数的应用非常普遍，特别是在处理百分比以计算股票组合的增长率和回报时经常使用。调和平均数通常用于计算加权平均值，例如，市盈率，因为它给每个数据点相等的权重。但是，如果数据包含负值或 0，则无法使用几何平均数和调和平均数。

总体而言，在三种类型的平均数中，算术平均数是最受欢迎的。这是因为统计分析的一个关键假设是数据值独立，而算术平均数符合这个条件。此外，算术平均数很容易计算并且非常容易理解，并且它对数据集中所有的值进行计算。因此，在未另行说明的情况下，平均数一词被指代算术平均数。

如上所述，有三种不同的中心性测量标准：算术平均数、中位数、众数。但实际上我们该使用哪一个作为代表值呢？从根本上讲，使用这三个标准的结果或值取决于假设和依赖关系。表 6.2 总结了三种中心性测量标准的优缺点。

表 6.2　三种中心性测量标准的比较

测量标准	优　　点	缺　　点
算术平均数	适用于区间型或数值型数据 可提供唯一的值 值本质上是独立的	值受到异常值（即极端值）的影响 数据应为区间型或数值型 如果数据集中的其中一个值为 0，则不能使用几何平均数和调和平均数
中位数	不受异常值（即极端值）的影响 可提供唯一值	获取的值并不反映整个数据集 数据应该是区间型或数值型的
众数	适用于三种类型的数据：名义型、序数型和区间型或数值型	值不能反映整个数据集 无法提供唯一值

6.4　测量变异性的数据剖析技术

尽管集中趋势测量可以提供唯一值来解释数据的分布，但通常这个值不能为数据集提供太多洞察力。集中趋势告诉您大部分数据点所在的位置，而变异性总结了这些点之间有多远。低离散度或变异性表明数据点倾向于紧密聚集在集中趋势测量的中心周围，而高离散度表示数据点倾向于更远地落在其他地方。在数据质量方面，变异性指的是数据中的不一致。

根据质量大师爱德华·戴明（Edwards Deming）的说法，理解差异是质量和业务成功的关键。数据集可以具有相同的中心趋势，但具有不同的可变性水平，反之亦然。因此，综合考虑中心性和变异性的度量标准可以让你对数据集有一个更全面的了解。例如，让我们看看图 6.2 中两个不同的理赔代理处理理赔的时间。在这两个数据集中，算术平均数、中位数和众数是相同的。那么，根据处理时间的中心性价值，哪一个是更好的代理呢？这时候需要考虑衡量变异性的标准。

理赔代理 1	
订单编号	处理时间
1	7
2	8
3	12
4	9
5	10
6	8
算术平均数	9
众数	8
中位数	8.5
理赔代理 2	
订单编号	处理时间
1	8
2	8
3	16
4	3
5	9
6	10
算术平均数	9
众数	8
中位数	8.5

图 6.2　中心性测量示例图

变异性是指预期和实际情况之间的差异，这种现象在许多领域都普遍存在。例如，在汽车保险领域，每次理赔的价格都有所不同；在制造业中，从装配线上下来的零件通常具有不同的尺寸；而在银行中，从出纳员那里获得服务所需等待的时间通常也会有所不同。虽然某种程度的变化是不可避免的，但过多的不一致或变化可能会影响运营的可靠性。基本上，企业需要可预测性或确定性来运营业务。如果制造部件偏离规格太远，则其功能将无法正常发挥作用。同样的，如果理赔金额存在较大差异，需要进行更多尽职调查就会导致处理时间有所变化。

在商业领域中，变异性通常是不受欢迎的，因为市场会不断评估公司的服务和产品，以确定它们在多大程度上符合预期。导致变异发生的两个主要原因是：

（1）过程中固有的一些常见原因。这些变异需要通过改进流程来解决，例如，某个索赔处理分析师需要更长的时间来完成常规任务，这表明过程中存在问题，原因可能是培训不足、缺乏技能和工具等。

（2）异常情况而产生的特殊原因变异，并不是过程的固有部分。这些原因不具有规律性，通常超出个人的影响和控制范围，可能是飓风、洪水等自然灾害因素引起的。

数据是过程的反映，一致的过程会展现出低变异性。

在这个背景下，常见的变异性或分散性测量指标包括：标准差、变异系数、标准误差、全距、四分位距、方差、峰度和偏度、离群值。

6.4.1 标准差

标准差（Standard Deviation，SD 或 σ）测量数据集相对于其算术平均数的离散程度。如果数据点距离平均数更远，则数据集中的标准偏差较高。标准差是一种精确度的衡量方法。样本数据的标准差公式为：

$$\sigma = \sqrt{\frac{\sum_{i=1}^{n}(x_i - \bar{x})^2}{n-1}}$$

式中 Σ——数据集中数值的总和；

$\bar{x}$——样本数据集的平均值；

n——数据点的数量。如果选择样本数据，则分母为 $n-1$；

i——样本数据中的第 i 个观测值。

基于前文给出的运输公司销售订单数据样本表，其标准差的计算过程见表 6.3：

表 6.3　与平均数的差的平方的计算过程

订 单 编 号	销售订单金额（千美元）	与平均数的差	与平均数的差的平方
1	2	-4	16
2	4	-2	4
3	3	-3	9
4	3	-3	9
5	1	-5	25
6	6	0	0
7	4	-2	4
8	24	18	324
9	7	1	1
平均数	6	合计	392

因此，$SD=\sqrt{392/(9-1)}=\sqrt{392/8}=\sqrt{49}=7$。

6.4.2　变异系数

从技术上讲，上述例子中标准差的值为 7 并没有提供太多信息，除非将其与另一个数据集的标准差进行比较。然而，当需要分析单个数据集的变化时，就会涉及变异系数（Coefficient of variation，CV）。变异系数测量了数据点在平均值周围的相对离散程度。在上面的例子中，CV＝标准差/平均数＝7/6≈1.17。那么这个 1.17 的值表示什么含义呢？

- CV 接近 0 的数据集显示出非常一致和稳定的过程。
- CV 接近 1 被认为具有一定程度的变化。
- CV 超过 10 被认为具有极大变化，描绘了一个不稳定的过程。

当我们拥有一个销售订单金额数据集，且变异系数为 1.17 时，则说明该数据集变化较大。在保险和银行业中，变异系数对于投资选择很重要，因为它代表风险与回报之间的比率。变异系数让投资者确定相对于预期收益而言承担了多少波动性或风险。变异系数值越低，则风险-回报权衡越好。

6.4.3 标准误差

标准误差（Standard Error，SE）表示如果使用某个群体中的新样本数据集重复研究，样本平均数会有多大变化。标准误差很重要，因为它有助于估计样本数据代表整个族群的程度。那么标准差和标准误差间有什么区别呢？基本上，标准差描述了单个样本内的变异性，而标准误差估计了一个群体内多个样本的变异性（见图 6.3）。基本上，标准差是准确性的衡量标准，而标准误差是变异的衡量标准。

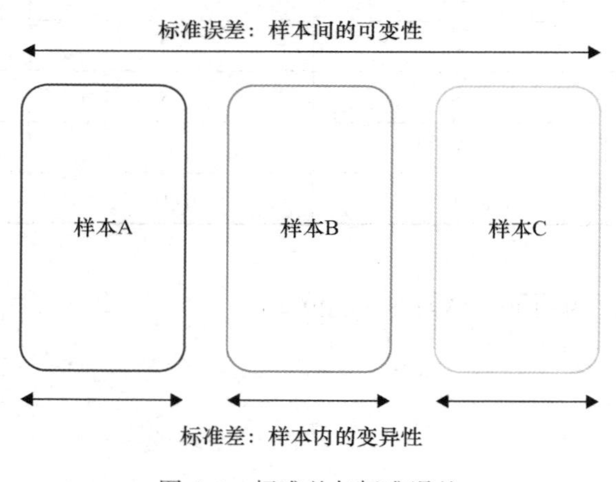

图 6.3 标准差与标准误差

那如何计算标准误差呢？对于给定大小的样本，标准误差等于标准差除以样本数的平方根。高标准误表明样本均值在总体均值周围分布广泛，而低标准误差表明样本均值在总体均值附近紧密分布；也就是说，该样本代表了总体。标准误差的计算公式为：

$$SE=\frac{\sigma}{\sqrt{n}}$$

例如，在 200 个零售客户的随机样本中，平均销售订单金额为 550 美元，标准差为 180 美元。在这种情况下，样本是 200 名客户，而总体是该地区的所有客户。标准误差反映了每个销售订单金额与样本平均销售订单金额550美元的差距值。标准误差 $SE=180/\sqrt{200}\approx180/14.1\approx12.8$。此值显示从200名客户的随机样本中得出总体的平均销售订单金额为550美元±12.8美元。

另一种看待标准误差和标准差的方式是，标准误差是样本数据精度的度量，而标准差则是数据精度的度量。总体而言，如果数据集具有较低的标准差和较低的标准误差，代表变异性较小，则可以认为该数据集质量良好。

6.4.4　全距

全距（Range）是指一组数值中最大值和最小值之间的差异。在这种情况下，示例中的全距为24−1=23。当需要考虑整个数据集而不管异常值时，就会考虑使用全距来评估变化。

6.4.5　四分位距

四分位距（Interquartile Range，IQR）是对数据集中“中间50%”的度量。当从最低到最高进行排序时，IQR描述了中间50%的值。全距考虑了数据集中的所有值，但是IQR是一种不考虑异常值的度量。

要找到IQR，请将数据按升序或降序排列。然后找到下半部分和上半部分数据的中位数（即中间值）。这些值是第1个四分位数（Q_1）和第3个四分位数（Q_3）。IQR是 Q_3 和 Q_1 之差。在我们的示例中，销售订单数据按从小到大排列为1、2、3、3、4、4、6、7、24。其中，中位数或 Q_2 为4。Q_1 表示较低一半数据的中间值，为 $(2+3)/2=2.5$。Q_3 表示较高一半数据的中间值，为 $(6+7)/2=6.5$。因此，$IQR=Q_3-Q_1=6.5-2.5=4$。

请注意，在相同的数据集上全距（Range）为23而IQR值为4。使用全距还是IQR取决于假设和约束条件。如果企业认为1和24属于异常点并且不应视作常规业务流程，则应使用IQR。如果不是，当假设每个数据点在性质上是独立的并且有效时，可以考虑使用全距。

6.4.6　方差

方差（Variance）是数据值围绕平均数分散的数值度量。方差是标准差的平方。样本方差的公式如下：

$$\sigma^2=\frac{\sum(x-\bar{x})^2}{n-1}$$

在上述运输公司销售订单数据样本的示例中，方差为 $7^2=49$。同样，方差表示数据集的分散程度。数据越分散，相对于均值的方差就越大。

6.4.7 峰度和偏度

正态分布是商业中最常用的数据分布。从统计学上讲，它表明接近平均数的数据比远离平均数的数据更频繁出现。正态分布数据在商业中非常重要，主要是如下三个原因：

（1）很多商业现象及相关数据通常呈正态分布。

（2）许多统计检验假定数据分布为正态分布。

（3）最后，如果已知样本数据集的均值和标准差，则易于理解数据的总体分布。对于所有正态分布意味着：

1）68.2%的观测结果将出现在距离平均值+/-一个标准差之内；

2）95.4%的观测结果将落在+/-两个标准差之内；

3）99.7%的观测结果将落在+/-三个标准差之内。

那么，在给定的一组数据中，如何确定该数据集是否符合正态分布？两个指标或关键绩效指标（KPI），即峰度（Kurtosis）和偏度（Skewness），可以帮助确定该数据集是否符合正态分布。

峰度用于查找数据中的异常值。具有高峰度的数据集往往具有重尾部或异常值。具有低峰度的数据集往往具有轻尾部和少量异常值。基本上，大的峰度与高水平的变异性相关联。在这方面，如果数据集的峰度值在 3 和-3 之间，则该数据集符合正态分布。

检查数据集是否符合正态分布的第二个指标是偏度。偏度测量分布对称程度。当数据对称分布时，左侧和右侧包含相同数量的观察结果。例如，如果数据集具有 100 个值，则左侧具有 50 个观察结果，右侧具有 50 个数据点。在这方面，如果偏度值在 0.8 和-0.8 之间，则从正态分布角度来看该数据集基本符合正态分布。

总体而言，在可接受的正常分布水平下，峰度值应介于 3 和-3 之间，并且偏度值应介于 0.8 和-0.8 之间。手动计算峰度值和偏度值比较复杂，通常使用 Excel 中 Analytics Toolpak、R 中的 moments 包以及 Python 中的 SciPy Library 等程序来计算这些值。

6.4.8 离群值

离群值（Outliers）是指与其他数据点相距甚远的数据点。简单地说，它们是数据集中不寻常的值。因为离群值代表一些反常情况，在数据集中找到离群值将有助于更好地理解数据和业务流程。离群值有三种主要类型：

（1）全局离群值（Global Outliers）。如果一个数据点的数值远超出其所在的整个数据集，则被认为是全局离群值。

（2）情景离群值（Contextual Outliers）。情景离群值是指其数值与同一上下文内其他数据显著偏离的数据值。

（3）集体离群值（Collective Outliers）。如果数据集中的数据点子集作为一个集合与整个数据集存在显著偏差，则这些值均被认为是离群的，但单个数据点的值在上下文或全局意义上都不是离群的。

离群值并不总是坏的或不可取的。虽然它们可能代表测量误差、数据输入错误、抽样不良等，但有些离群值代表自然变异，并携带着关于业务流程的重要信息。

如果某一产品类型的电子商务出货量不超过 1000 美元，突然在三天内有两次出货量，每次高达 50000 美元，这是一个全局离群值，因为这一事件在该产品的历史上从未发生过。如果这种高出货量发生在已知的促销折扣或圣诞节等高出货量时期之外，那么出货量的突然激增可能是一个情景离群值。一家公司的信用评级从来都不是一成不变的。但如果投资组合中所有公司的信用评级在很长一段时间内保持不变，那么这将是一个集体离群值。

如何找到数据集中的离群值呢？有两种主要方法可以找到它们，即 IQR 规则和 Z 分数规则。IQR 规则指出，如果观察值小于 $Q_1-1.5\text{IQR}$ 或大于 $Q_3+1.5\text{IQR}$（见图 6.4），则其为离群值。

对于销售订单金额数据示例，$\text{IQR}=Q_3-Q_1=6.5-2.5=4$。现在如果您将 IQR 乘以 1.5，则会得到 $1.5\times4=6$。比 Q_1 小 6 为 $2.5-6=-3.5$。没有任何数据点小于此值。另外，

比 Q_3 大 6 为 6+6.5=12.5。然而，有一个数据值 24 大于这个值。因此，IQR 规则表明该数据点 24 是离群值。

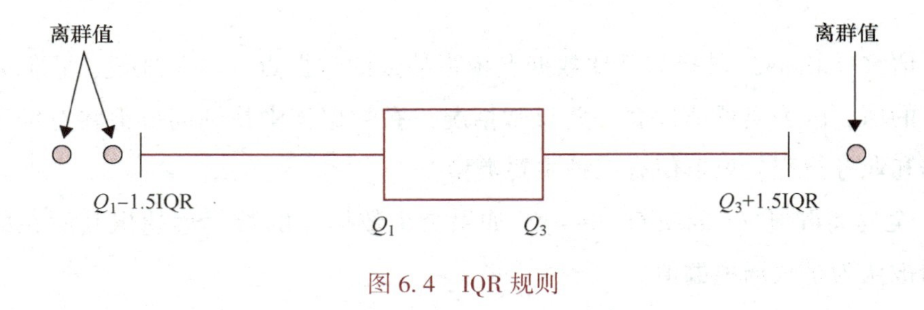

图 6.4　IQR 规则

找到离群值的第二种方法是 Z 分数规则。Z 分数也叫标准分数，是观察值或数据点高出或低于平均数的标准差数量。其公式如下：

$$Z=\frac{x-\bar{x}}{\sigma}$$

根据 Z 分数规则，任何大于 2 或小于-2 的 Z 分数值都被视为离群值。在销售订单金额数据表中，平均数为 6，标准差为 7。每个销售订单金额数据的 Z 分数值见表 6.4。

表 6.4　Z 分数值计算表

订 单 编 号	销售订单金额（千美元）	Z 分数值
1	2	-0.57
2	4	-0.29
3	3	-0.43
4	3	-0.43
5	1	-0.71
6	6	0.00
7	4	-0.29
8	24	2.57
9	7	0.14

除销售订单金额为 24 的 Z 分数值为 2.57 之外，其他销售订单金额的 Z 分数值都没有大于 2 或小于-2。因此，从这两种离群值测试（即 IQR 规则和 Z 分数规则）来看，数据集中的销售订单金额 24 都是一个离群值。

6.5　整合中心性和变异性 KPI

因为度量交易数据具有最大的业务影响，数据剖析通常针对交易数据相关属性的中心性和变异性进行度量。以下例子使用采购订单价格作为交易数据属性，在采购订单上同时使用中心性和变异性度量进行数据剖析（见图 6.5）。

序号	基本数据 KPI	剖析得分
1	计数（行）	265
2	属性（列）	6
3	文件大小	12 KB
序号	参考数据 KPI	剖析得分
1	NULL 值的数量	13（4%）
2	系数/类别	19
序号	主数据 KPI	剖析得分
1	唯一元素的数量	259（4%）
2	主键上的重复值	6（98%）
3	命名不一致	189（71%）
4	空白值	453（27%）
序号	交易数据订单价格 KPI	剖析得分
1	平均数	626.8
2	中位数	640
3	众数	540
4	标准差	121.06
5	变异系数	1.17
6	标准误差	24.21
7	方差	14 656
8	峰度	-1.56
9	偏度	0.39
10	最小值	380
11	最大值	860
12	全距	480
13	四分位距	327
14	离群值数量	18

图 6.5　数据剖析示例

图 6.5 说明了什么？图 6.5 展现了许多良好的数据质量属性，例如一致的过程（变异系数为 1.17），可以进行统计测试的正态分布的数据集（峰度为-1.56，偏度为 0.39）和较少数量的离群值（265 个数据记录中只有 18 个）。但是数据剖析真正的用途在于将其与绩效标准进行基准测试和比较。只有当您知道自己想要实现什么目标时，数据剖析才会有用。在开展业务中使用数据的核心原因之一是衡量和提高业务绩效。如果缺少目标陈述或绩效目标（包括目标值、公差限制、控制限制、规格限制），那么这些数据剖析指标就没有太大的实际效用或业务价值。在此背景下，统计过程控制（SPC）专家唐纳德·惠勒（Donald Wheeler）博士将过程分为四种状态：理想状态、阈值状态、混沌边缘和混沌状态。这四种状态基于控制图，如图 6.6 所示。

图 6.6　四种进程状态

6.6 关键要点

以下是本章的关键要点。

（1）在解决数据质量问题之前，您需要评估或度量现有数据质量水平。

（2）从根本上讲，数据剖析有两个主要好处。首先，评估是学习和理解的关键组成部分。评估有助于评价、判断绩效并加以改进。其次，数据剖析通过实践重要的 1-10-100 质量规则来节省资金。如果管理数据需要花费 1 美元，那么验证数据需要花费 10 美元，修复数据需要花费 100 美元。

（3）对交易性数据进行全面的数据剖析要考虑度量两个主要方面——中心性度量和变异性度量。

（4）中心性指标代表给定数据集的中心点或中心位置。变异性指标描述了样本数据点彼此之间的距离。

（5）统计过程控制专家唐纳德·惠勒博士将过程分为四种状态：理想状态、阈值状态、混沌边缘和混沌状态。过程的算术平均数和标准差界定了这些状态。

6.7 结论

研究和调查都表明，当今企业的数据质量水平普遍较低，需要加以解决。然而，在解决数据质量问题之前，需要评估或度量数据质量水平。数据剖析是一种检查、分析和创建有用数据摘要的过程，以便发现数据质量问题、风险和总体趋势。对于数据的良好状态的诊断包括中心性和变异性两个指标。通过这些指标，人们可以主动识别出可见和隐藏的数据问题，以便在它们对业务绩效产生不利影响之前进行处理。

参考文献

Southekal, P. (June 2014). *Implementing the stakeholder based goal-question-metric (GQM) measurement model for software projects*. Trafford Publishing.

Southekal, P. (April 2020). *Analytics best practices*. Technics Publications.

第3篇

实现阶段

第7章

数据质量参考架构

7.1 引言

第4、5、6章为DARS方法的评估阶段，分析了数据质量及其在其生命周期中的影响以及数据剖析等案例。接下来的三章将是DARS方法的实现阶段。本章将探讨企业为提高数据质量可以采用的架构和设计模式，要点如下：

（1）管理数据生命周期中数据质量的四个关键框架。

（2）为业务绩效提供高质量数据的机制。

（3）在当今分布式和异构系统的IT环境中访问和管理数据的架构。

企业需要管理多种不同类型的数据，如结构化数据（存储在数据库中的关系表）、半结构化数据（XML文档）和非结构化数据（图像、视频、音频和文档）。数据质量框架体系本质上是识别可重用的设计模式。下面重点介绍数据质量框架和设计模式的最佳实践。

7.2 数据质量解决方案

要实现对数据质量的维护需要综合考虑技术和功能两个方面。总体而言，与元数据密切相关的技术方面相对容易定义，而业务、功能或语义方面的考量则更具有挑战性。从系统架构角度来看，主数据管理（MDM）、数据集成、数据整理和语义层这四种主要的解决方案与数据质量管理相关，特别是数据定义方面。

这四个数据质量解决方案与数据生命周期的不同阶段相关，本质上是技术性的，它们必须与数据治理、领导支持、数据素养以及其他过程、系统和人员方面相互支持。

7.2.1　主数据管理（MDM）

主数据管理是由技术驱动的，业务部门和IT部门通力合作确保企业关键数据资产的统一性、准确性、一致性、管理职责和问责要求（Gartner，2022）。这些关键数据资产通常是主数据和参考数据，如客户、产品、供应商、货币、总账簿、设备、产品类别等。主数据管理的目标是提供可信赖的单一真实版本（SVOT），这样企业就不会在不同系统中使用相同数据的多个不一致版本和定义。为了实现这一目标，需要制订主数据管理计划，并从数据生命周期早期开始执行，包括定义数据、制定业务和数据规则、建立数据标准和工作流程、将角色映射到职位，以及制定治理制度、流程、程序、标准、术语分类法等。

7.2.2　数据集成

解决不同IT系统中数据不一致的第二种方案是使用数据集成工具。数据集成过程，如企业应用集成（EAI）、企业服务总线（ESB）、消息队列等，其发生在数据生命周期的中间阶段。选择这些数据集成工具和实践以解决数据不一致性问题，主要基于以下三个关键因素：

- API的能力，如REST（表述性状态传递）、SOAP（简单对象访问协议）、RPC（远程过程调用）、GraphQL（图状数据查询语言）等，以及请求-响应依赖关系。
- 需要集成的范围内存在数据定义不一致的交易系统数量。
- 数据集成过程中传输、转换和编排（TTO）的顺序。

关于数据集成的最佳实践将在第 9 章中详细介绍。

7.2.3 数据整理

数据整理（Data Wrangling）通常是指清理数据仓库或数据集市等典型系统中的数据。数据整理（也称为数据清洗或数据清理）是将数据集进行清洗和规范化以便访问和分析的过程。从技术角度来看，数据整理是格式化、去重、重命名、纠正、提高准确性、填充空白属性、聚合、混合，以及任何其他有助于提高数据质量的数据修复活动过程。尽管数据库的存储过程和自动化脚本程序通常用于支持此工作，但大部分数据清理工作都是依据具体情景判断而手动执行的。

7.2.4 语义层

处理数据质量问题的第四个解决方案是使用语义层。如果目标是从数据分析中获取洞察，那么语义层是一个不错的选择。语义层是数据的业务表示，帮助用户使用常用业务术语访问数据。虽然语义层本身没有任何数据，无法解决数据质量问题，但语义层将业务数据映射到熟悉的业务术语中，以提供企业范围内的统一的综合数据视图。实施语义层过程发生在数据生命周期的末期，通常被认为是“数据分析的最后一英里”，是连接数据洞察和业务结果的关键部分。简单来说，语义层为执行分析创建了上下文环境。

语义层是建立在源数据上的抽象层，所有元数据都在这里定义。它隐藏了数据的复杂性，丰富了数据模型，并变得足够简单，便于业务用户理解。

从根本上说，这四种解决方案（主数据管理、数据集成、数据整理和语义层）都依赖数据映射来实现数据的一致性。数据映射是在数据属性之间创建数据元素链接的过程。每种方法都依赖于特定的使用场景，并且需要对数据生命周期中的数据质量进行控制。总体而言，主数据管理更适合合规和运营场景。但如果使用场景是从数据分析中获取洞察，则语义层更适合管理各个数据属性之间的关系，以实现统一的业务视图。

7.3　DataOps

DataOps 不是一种技术，而是一种高效构建、部署和使用数据的方法，以改进运营、合规和数据分析。

DataOps 是一种协作式数据管理框架，旨在改善组织内数据创建者和数据消费者之间数据流的沟通、集成和自动化。DataOps 的目标是通过创建可预测的高质量数据、数据模型和相关文档交付来更快地提供价值。DataOps 基于技术实现自动化设计、部署和管理具有适当治理级别的数据交付，并使用元数据提高动态环境中数据的可用性和价值。总体而言，DataOps 的目标是提高质量、速度和协作，并促进从采集到消费的整个数据生命周期中关于数据分析领域的持续改进文化。

DataOps 可控制工作流程与过程，消除阻碍团队实现高效生产力与高质量数据的众多障碍。此外，DataOps 还将敏捷开发、DevOps 和精益制造结合在一起（见图 7.1），以提高业务数据的可用性。

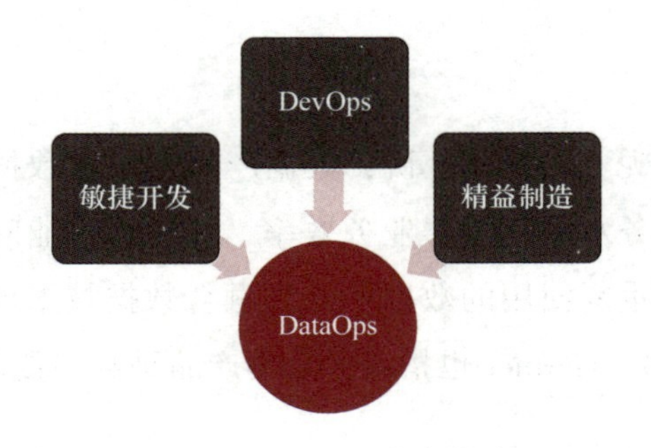

图 7.1　DataOps 的方法论

（1）敏捷开发是约束理论（ToC）在软件开发中的应用。约束理论是一种方法论，用于确定阻碍实现目标的最重要的限制因素（即约束），然后系统地改进该约束，直至其不再是限制因素。ToC 中的核心思想是每个系统都有一个限制因素或约束，而集中改进该限制因素是提高盈利能力最快、最有效的方法。

（2）DevOps 是将精益原则（如消除浪费、持续改进、广泛关注等）应用于应用程序开发和交付的结果，以缩短系统开发生命周期，并具有高质量软件的持续交付能力。

（3）精益制造也持续关注质量，并使用统计过程控制、数据分析等工具来尽可能地在运营过程中实现生产效率最大化，同时减少浪费。

DataOps 的核心技术或有形组件被称为数据管道，它是一系列的数据处理步骤，以从各种数据源中提取数据为开始，以数据消费为结束。无论是基于批处理、还是流式处理的数据管道都将数据从一个地方（源）移动到目标位置（如数据仓库）。并在此过程中实现数据转换和优化以满足业务需求，包括改进运营、合规和数据分析等。数据管道的关键特征包括：

- 实时数据处理以访问最准确和最新的数据。
- 多云环境的弹性和敏捷性。
- 用于数据处理的专用计算资源。
- 自助管理。
- 容错架构，备用方案会在原始节点或服务器失效时启动另一个节点或服务器。

7.4 数据产品

数据产品到底是什么呢？从根本上讲，数据产品是通过数据和数据分析活动生成新的收入来源、提高客户服务水平、改善业务效率，并为跨行业问题提供新解决方案。麦肯锡的研究表明，创建可重复使用的数据产品和融合数据技术模式，能够使公司从中获得价值（Veeral 等，2022）。Gartner 也指出，数据产品是利用数据实现业务改进成果的关键（Gartner，2019）。

在这种背景下，如今几乎每一家数据丰富的公司都在探索构建可销售数据产品的方案。但大多数公司在方向和方式上面临着挑战。尽管每家公司都有不同的需求，但仍有一些基本和常见的设计因素与构建可销售数据产品有关。具体来说，设计可销售的数据产品需要回答以下两个关键问题：

1. 潜在的数据产品消费者

从广义的角度来看，数据产品依赖于原始数据、聚合数据和洞察。因此，构建数据产品涉及需要与目标客户共享的信息级别，即原始数据、聚合数据或洞察。从技术上讲，数据产品中的数据可以是零方数据、第二方数据和第三方数据。数据的目标市场可以是公司内部员工，也可以是外部利益相关者，包括客户、供应商、监管机构、合作伙伴和竞争对手。

2. 与数据相关的合规要求

在设计数据产品时，第二个关键问题涉及数据的合规。一家普通公司需要花大量时间和精力来利用数据。公司是否能够轻松地将数据形式数据产品呢？现在，人们越来越认识到，数据就像“护城河”一样，是公司对抗其他企业的竞争优势。在这种情况下，遵守数据的合规可以确保公司的关键数据受到保护，以保持公司的竞争优势，并满足监管合规要求。例如，如果将产品利润率等敏感信息与供应商共享，则可能会危及公司的竞争优势。数据合规还包括在整个生命周期中必须遵循的法规和标准。例如，在向外部利益相关者共享隐私数据时，可能会对 HIPAA、GDPR、CCPA 等法律合规要求产生不良影响。

解决了这两个与设计相关的问题，我们才可以真正着手进行数据产品的开发，而构建数据产品依赖于五个关键因素：收集、消费、合规、管道和商业化。以下各节将介绍成功构建完整的数据产品所需要具备的重要能力。

7.4.1　收集

在典型的企业中，数据以各种格式和类型被采集和存储在系统中。正如前面所讨论的那样，超过 80% 的业务数据是以非结构化格式（如文本、图像、音频和视频）存在的。非结构化数据没有标准的数据模型和数据类型，从而影响了对其进行高效查询和处理。因此，在数据产品中，应将数据转换为具有标准数据模型和数据类型（名义型、序数型或区间型）的格式，以提高数据的实用性。简单来说，数据产品中的数据必须以标准统一的方式收集或重新格式化，使其具有较高质量、易于查询和处理，从而可获取其中的洞察。这些洞察可能来自描述性、预测性和规范性的分析算法，并以报告、可视化图表和仪表板的形式呈现输出结果。

7.4.2 消费

数据产品只有被消费并用于提高业务绩效时才具有价值（即数据产品应促进交易数据的产生，这些数据被企业视为第一方数据）。交易数据很重要，因为它对于改善运营、合规和决策至关重要。这种交易数据通常可以是零方数据、第二方数据或第三方数据中的任一种，在数据产品中应该以最细粒度的形式呈现，以创造最大价值。总体而言，数据越细致详尽，分析的结果就越精确和正确。

7.4.3 合规

如果数据必须在数据产品中实现业务价值，那么在收入增长机会和组织的数据合规要求之间取得平衡是至关重要的。

鉴于数据是一项有价值的业务资产，因此在数据产品中共享数据，需要遵守数据保护和数据伦理准则，特别是隐私、安全等方面。换句话说，在构建数据产品时不应对公司的竞争优势造成负面影响。可以使用加密、匿名化、混淆、标记化（tokenization）和屏蔽等数据操作技术来解决数据产品中的合规问题。第 11 章将探讨保护数据的策略。

7.4.4 管道

中间件或数据管道将数据和洞察同步或异步地传递给消费者。如果需要同步传递数据和洞察结果，则可以利用 API 的形式；而如果需要异步传递数据，则可以考虑其他数据集成机制，如 ETL（提取、转换和加载）、EAI（企业应用集成）等。在数据管道中选择数据集成方法取决于：

（1）拉取与推送，即发送方（数据提供者/数据产品）或者接收方（数据消费者）主动发起数据消费。

（2）待集成的数据量和速度。

（3）参与集成的系统数量。

（4）数据传输、转换和编排的顺序。

7.4.5　商业化

只有当数据产品推向市场并提高目标公司的业务绩效时，才具有业务价值。这需要通过选择正确的定价策略来建立生态系统。如果数据产品必须与价值链中的其他产品合作才能提供全面解决方案，则构建产品生态系统非常重要。这需要全面审视整个价值链并识别价值浪费来创建强大的价值主张。当存在有价值元素移交或转移时，通常会出现价值渗漏。数据产品所创造的价值取决于市场的支付意愿（即市场购买数据产品达到的最高点）。

7.5　数据编织和数据网格

数据编织（Data Fabric）是一个由服务或技术组成的单一环境，采用元数据驱动的方式，将分散的数据工具连接起来，并以集成和自助的模式解决数据质量问题。它提供了数据访问、发现、转换、集成、安全性、治理、血缘关系和编排等方面的功能。该环境具有统一的体系结构，可帮助组织管理其数据。数据编织解决方案的四个重要特征（见图 7.2）是：

- 数据定义的语义层，方便用户发现和访问相关数据。
- 集中式的数据治理和安全流程，确保在所有环境中保持一致。
- 在分布式数据环境中改进了数据集成。
- 数据生命周期管理涵盖了数据驱动应用的开发、运营、自助服务编排、集成、测试和生产版本发布等方面。

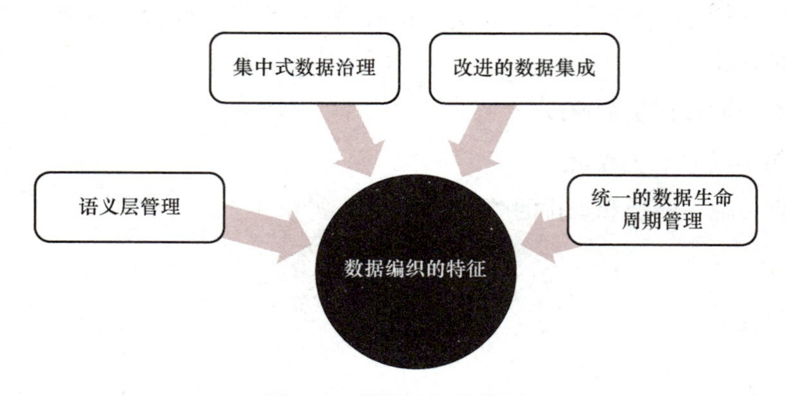

图 7.2　数据编织的特征

数据网格强调企业的敏捷性，它通过赋予数据所有者、数据生产者和数据消费者访问和管理数据的权力，而无须委派给数据湖或数据仓库团队来处理。

数据网格（Data Mesh）是另一个与数据编织密切相关的概念。数据网格是一种专为数据分析而设计的数据管理方法。它是分布式环境中管理海量数据的一种概念和实践。数据网格的场景是为了数据民主化，以便用户可以更快速、更有效地访问数据。数据网格的显著特点是使数据可以在其所在的位置进行轻松访问，而无须将数据转移到规范化数据库，如数据湖或数据仓库。数据网格是一种去中心化策略，它将数据所有权分配给特定领域团队，激励他们将所负责的数据作为产品来管理。数据网格解决方案的四个重要特征（见图 7.3）包括：

- 面向领域的去中心化数据所有权和架构。
- 数据即产品。
- 自助式数据基础设施作为一个平台。
- 联邦计算治理。

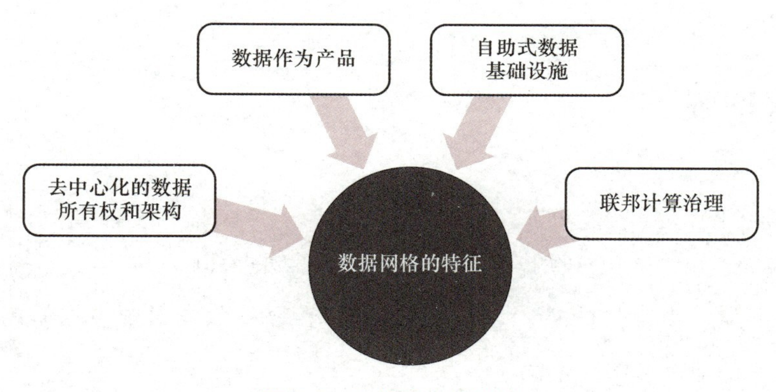

图 7.3　数据网格的特征

数据编织和数据网格架构都专注于数据产品。数据编织是一种与技术无关的架构，将数据产品作为众多输出之一交付。数据网格是一种仅针对业务领域生成特定数据产品的架构。

那么，数据编织和数据网格有什么区别呢？数据编织和数据网格都是为了解决组织如何处理大量数据问题而建立的框架。虽然数据网格也是旨在解决许多与数据编织相同的问题，特别是在异构和分布式数据环境中管理数据的困难，但它采用了不同的方式来解决这个问题。数据编织的目的在于在分布式数据源之上构建一体的虚拟管理机制；而数据网格则鼓励各团队根据需求自主地管理数据，同时也提供一定的通用治理规则。根据 Forrester 的 Yuhanna 所述，数据网格和数据编织方法之间的主要区别在于 API 的访问方式。数据网格是一种面向开发人员的 API 驱动解决方案，而数据编织则相反。数据编织是一种低代码或无代码的解决方案，这意味着 API 集成发生在数据编织环境内部而不是直接暴露给用户，这与数据网格的做法不同（Woodie，2021）。

总的来说，数据编织和数据网格是解决数据质量问题的框架，它们通过总结其他领域和行业的成功实践进行优化，它们都认为组织内部存在着分散和封闭的数据孤岛，且几乎没有一个主体对此问题拥有完全的控制权。数据网格的核心思想是利用数据孤岛的优势，通过将数据质量问题分解为更小的特定领域问题，从而获得每个问题领域的更多控制权。数据编织和数据网格都是 IT、数据和业务团队在分布式和异构数据环境中协作的框架。

7.6 数据增强

与运营和合规性相比，数据质量在分析中是一个更深层次的问题，因为分析模型是基于假设的，而这些假设通常存在模糊和不确定的因素。

通常，企业需要更多的数据来提高现有数据的准确性和可靠性，特别是在分析过程中。这是因为分析主要是基于假设驱动的，在持续探索的基础上得出洞察。为了实施分析，现有数据集需要不断增强。数据增强指的是对数据进行一些附加处理，即使用从其他来源获取到的数据来增强现有第一方数据的过程。同时，数据增强也涉及处理缺失数据。基本上，数据增强就是通过新数据增强现有数据或用缺失数据增强现有数据的过程。数据增强至关重要，因为它可以扩展数据覆盖面，而不会增加数据采集的技术难度和成本。

数据增强不是企业数据质量改进过程中的一次性活动。例如，客户收入水平经常发生变化；人们搬家更换地址；新公司被收购需要系统整合系统；新法规强制要求采集新的信息等，都可能导致原始资料无效或者遗漏某些信息。随着业务不断发展和变化，组织必须持续地进行数据更新以保证其有效性。那么一个公司如何让其已存在的第一方数据更具价值呢？以下是四种主要的数据增强策略：

- 特征工程。
- 第三方数据集成。
- 合成数据。
- 数据填补。

7.6.1 特征工程

特征工程（Feature Engineering）是使用领域知识和一些创造性方法，从现有数据中创建新的数据属性或数据字段的过程。这个过程可能包括将非结构化/文本数据转换为结构化数据、将参考数据分解为细粒度更高的级别、拆分日期时间、重新定义测量单位等操作。在图 7.4 中，原始数据仅具有三个属性。但是，在应用一些基本的领域知识元素后，创建了四个附加属性或特征。时间戳属性“Created On”被用于创建额外的 3 个属性：“Weekday”“Hour”和“Period”。主键数据属性“Product ID”映射到“Category”属性。

原始数据

Quantity	Created on	Product ID
52	2019-05-04 13:00	80818579
56	2019-05-04 14:00	86858562
54	2019-05-04 15:00	80878581
20	2019-05-04 16:00	80818569
55	2019-05-04 17:00	80818566
54	2019-05-04 18:00	80818579
57	2019-05-04 19:00	86858562
52	2019-05-05 13:00	80878581
56	2019-05-05 14:00	80818569
54	2019-05-05 15:00	80818566
21	2019-05-05 16:00	80818566
54	2019-05-05 17:00	80818579
54	2019-05-05 18:00	86858562
56	2019-05-05 19:00	80878581

转换后的数据

Quantity	Weekday	Hour	Category	Period
52	4	1	Life	Day
56	4	2	Auto	Day
54	4	3	Home	Day
20	4	4	Life	Break
55	4	5	Life	Night
54	4	6	Life	Night
57	4	7	Auto	Night
52	5	1	Home	Day
56	5	2	Life	Day
54	5	3	Life	Day
20	5	4	Life	Break
55	5	5	Life	Night
54	5	6	Auto	Night
57	5	7	Coupling	Night

图 7.4　特征工程示例

一般情况下，可以利用领域知识和一定的创意来创建新的特征或属性。例如，行业部门（参考数据）属性可以从公司名称（主数据）中创建，如 P&G 与 CPG（消费品包装行业）相关联。您还可以利用现有计量单位属性创建新的计量单位属性。

7.6.2　第三方数据集成

第一方数据或现有数据可以通过获取第二方和第三方数据（即外部数据）进一步增强。例如，在当今，许多财产和意外保险公司正在使用第三方数据提供商的地址数据，来决定他们应该在哪里为特定财产提供保险。零售店的销售取决于天气，因为雨雪对店铺流量有很大影响。因此，零售公司也使用第三方天气数据来确定价格和促销活动，以增加店铺销售额。零售部门的另一个例子是，通过调用数据提供商的 API，如尼尔森、Axciom 或 Experian，获取更多关于客户的信息。这些信息包括客户过去的购买习惯、人口统计学偏好和总收入等。

总体而言，有一些外部数据可以从 Statista、Neilson、Bloomberg 和 Environics 等数据提供商处购买，也有一些数据可以从 GitHub 和 Kaggle 等数据开放平台免费获取。

然而，在获取了外部数据后，需要将这些数据集成到现有数据中。通常使用两个关键 SQL 操作或命令（即 JOIN 和 UNION），将来自多个数据源的数据整合成一个统一视图。SQL 命令是用于与数据库通信的指令。

（1）JOIN SQL 运算符使用每个表中共有的列值/键，将一个或多个表中的列进行组合。

（2）UNION SQL 运算符将两个或多个查询的结果集合成一个唯一结果集，并去除重复项。

图 7.5 显示了 UNION SQL 和 JOIN SQL 操作之间的区别。

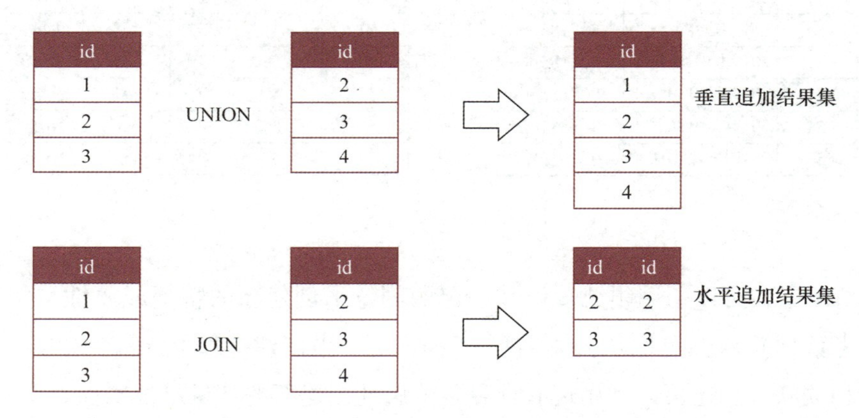

图 7.5　UNION 和 JOIN 操作之间的区别

7.6.3　合成数据

数据增强的第三种方法是使用合成数据（Synthetic Data）。合成数据是算法或程序模拟真实数据生成的数据。合成数据一般是人工生成的，而不是由真实业务事件生成的数据。合成数据的关键特征包括：

- 合成数据反映了原始数据的统计或数值属性。
- 它对齐了原始数据结构和格式。
- 合成数据没有映射、可追溯性或关联性。
- 由于合成数据不是真实或生产数据，因此它不需要遵守数据保护法规或其他监管要求，包括数据隐私要求。

合成数据的业务价值在于组织可以自由使用、共享和训练，并验证分析模型，而无须受到低质量、可用性或符合性等问题的限制。在金融服务行业中，许多银行和保险公司广泛使用合成数据技术来优化产品选择、承保、定价、理赔管理等方面。亚马逊使用合成数据来训练 Alexa，谷歌 Waymo 则使用合成数据来训练汽车自动驾驶。

7.6.4 数据填补

在通常情况下，企业会发现存在很多数据缺失的状况。缺失数据或缺失值被定义为没有为变量存储数据值，这可能对从数据中得出的结论产生重大影响。缺失数据会给企业带来各种问题（Anesthesiol，2013）。

（1）数据的缺失降低了统计功效，即测试在零假设错误时拒绝零假设的概率。零假设是指两个数据集之间没有关系。简单来说，零假设是常见的事实。

（2）缺失的数据可能导致参数估计存在偏差。

（3）缺少数值可能降低样本的代表性。

（4）它可能使研究分析复杂化。

缺失数据可分为三类主要类型：

（1）随机丢失（MAR）。随机丢失意味着相对于观察到的数据而言该部分信息已经丢失，数据只在子样本中丢失。

（2）完全随机丢失（MCAR）。在完全随机丢失情况下，数据缺失是针对所有观测值的，无论期望值或其他变量如何。

（3）非随机丢失（MNAR）。非随机丢失适用于缺失数据具有某种模式或显著趋势的情况。换句话说，数据缺失似乎并非完全随机。例如，特定群体的人（比如女性）没有回答某个问题。

当数据缺失时，我们可以利用数据填补（Data Imputation）的方法来估计和填充缺失值。数据填补后的结果是一个完整的数据集，我们可以像对待观察到的实际数据一样对其进行分析。一些常见的填补技术有：

（1）热卡填补。从类似情况中随机插入一个值。

（2）冷卡填补。从类似情况中插入一个值，但没有随机性。

（3）回归填充。回归填充使用预测模型来替换因变量或输出变量中的缺失值。

（4）插值和外推填补。插值和外推填补技术都用于根据其他观测值估计变量的假设值。

插值（Interpolation）用于预测数据之间自变量的因变量值。牛顿公式是一种很好的数据插值技术。

外推（Extrapolation）用于预测数据范围之外的自变量的因变量值。趋势线是一种很好的数据外推技术。

为企业提供高质量的完整数据通常是一项具有挑战性的任务，在这种情况下，上面所讨论的四种数据增强技术可以增强现有数据，从而提高现有数据的价值和应用。

7.7 关键要点

以下是本章的主要内容：

（1）数据质量架构要基于那些行之有效的数据治理和数据管理体系框架和设计模式，即行业最佳实践。

（2）数据定义问题可以通过主数据管理（MDM）、数据集成、数据整理和语义层等几种解决方案进行技术处理。

（3）DataOps 是一组实践、流程和技术相结合，旨在尽快为业务提供高质量数据的方法。

（4）数据编织是一种用于访问异构环境中的数据的体系架构。

（5）数据网格专注于组织变革，使业务团队能够提供高质量的数据。

（6）数据网格是一种数据架构框架，它按照特定的业务领域组织数据，赋予业务用户更多的数据所有权。

（7）数据编织和数据网格都是旨在让组织能够在分布式的数据环境中访问其数据的架构。

（8）数据增强可以使用以下技术增强可用性能：

- 特征工程。
- 第三方数据集成。
- 合成数据。
- 数据填补。

7.8　结论

数据架构是企业获取高质量数据并成为数据驱动型企业的关键因素。它是通过将企业的愿景、战略、业务规则、标准和能力融入数据管理，以设计、构建和优化数据驱动系统的实践。在最高层面上，数据架构为公司在整个数据生命周期中管理其数据提供了坚实的策略。在当今以数据为中心的商业世界中，要提高企业的数据质量，应该从构建完善的数据架构做起。数据架构本身对于企业来说没有什么价值；但有助于建立可扩展和强大的基于数据驱动的系统，以提高企业生产率和可持续的竞争优势。

参考文献

Anesthesiol, K. (May 2013). The prevention and handling of the missing data. https://.www.ncbi.nlm.nih.gov/pmc/articles/PMC3668100/.

Gartner. (July 2019). Gartner Research Board identifies the Chief Data Officer 4.0. https://www.gartner.com/en/newsroom/press-releases/2019-07-30-gartner-research-board-identifies-the-chief-data-officer-4point0.

Gartner. (September 2022). Master data management. Gartner Glossary. https://www.gartner.com/en/information-technology/glossary/master-data-management-mdm.

Veeral, D., Fountaine, and Rowshankish, K. (June 2022). How to unlock the full value of data? Manage it like a product. https://www.mckinsey.com/business-functions/quantumblack/our-insights/how-to-unlock-the-full-value-of-data-manage-it-like-a-product.

Woodie, A. (October 2021). Data mesh vs. data fabric: understanding the differences. https://www.datanami.com/2021/10/25/data-mesh-vs-data-fabric-understanding-the-differences/.

第8章 数据质量最佳实践（一）

8.1 引言

上一章讨论了数据质量管理的架构。基于前一章中讨论的架构要素，本章将深入讨论核心原则和模式，即提高组织中数据质量所需的最佳实践。企业的数据库通常不是从零开始的。通常情况下，数据生成和采集活动始于从某些旧数据库、电子表格和纸质文档进行的数据转换或迁移，这些文件往往源自合并、收购和剥离等活动。因此，本章主要关注提高现有数据质量所需的核心原则和模式。原则提供了高层次指导方针，它们抽象而不具体。模式是解决实际问题的具体且行之有效的解决方案，它们是原则实例化后得到的结果。原则和模式共同形成最佳实践。

8.2 最佳实践概述

数据是流程的反映。在业务管理和数据管理过程中，高质量的流程会带来高质量的数据。

如今，许多组织都在寻找提高数据质量的最佳实践或有效的流程。简单地说，最佳实践是一组有效的原则和模式组成的指导方针或理念，因为它们能产生规范、卓越和可重复使用的有效结果，所以被广泛接受。总体而言，最佳实践为组织提供了一份路线图，指导组织如何高效地开展业务，并提供解决问题的最佳方法。在多个行业领域中经过反复证明成功后，最佳实践往往会被广泛接受并完善成为通用框架。例如，在财务会计方面，《普遍公认的会计原则》（GAAP）代表了关于财务报表的最佳实践；医疗保健行业依赖于诸如“卫生技术评估”（HTA）、“循环医学”（EBM）和“临床实践指南”（CPGs）等领域上的最佳实践为患者提供优质护理服务；Novarica 研究为保险公司提供技术趋势和其他最佳实践。然而，最佳实践应当被视为一种通用框架。每个公司都应该根据自己特定需求来定义、实施和审核这些最佳实践。

在这种背景下，本章和下一章将介绍数据质量管理中10个关键最佳实践（Best Practice，BP）。人们常说，一个执行给力的常规战略总是强过一个执行不当的高级战略。虽然文化、治理、高级管理层支持、激励机制和教育等战略要素都很重要，但监督计划进展、制定合适的角色和责任、提供持续支持等战术层面的执行才能使战略得以切实实施。

这10项数据质量最佳实践是通过文献研究、与数据分析专家进行验证以及在许多数字化和数据质量项目中的成功和失败经验总结而成的，具体如下：

（1）确定业务 KPI 以及这些 KPI 和相关数据的所有权。

（2）建立和提高组织中的数据文化与素养。

（3）确定当前和期望的数据质量的状态。

（4）遵循极简主义原则的数据采集方法。

（5）选择并定义那些准备提高质量的数据属性。

（6）使用 MDM 系统中的数据标准采集和管理关键数据。

（7）合理化和自动化关键数据元素的集成。

（8）定义 SoR 并在 SoR/OLTP 系统中安全地采集交易数据。

（9）构建和管理强大的数据集成能力。

（10）分发数据来源与洞察消费。

这10个最佳实践与数据管理和治理流程多有重叠。此外，不同公司在实施这些最佳实践时存在差异，因此应将其作为指南而非教条使用。同时，这10个最佳实践应按顺序逐步实施，因为每个环节对前置步骤都具有强烈依赖性。总体而言，在数据生命周期的初始阶段，即数据采集和数据整合步骤中，应尽可能地致力于提高数据质量。图 8.1 所示为简化的数据流。

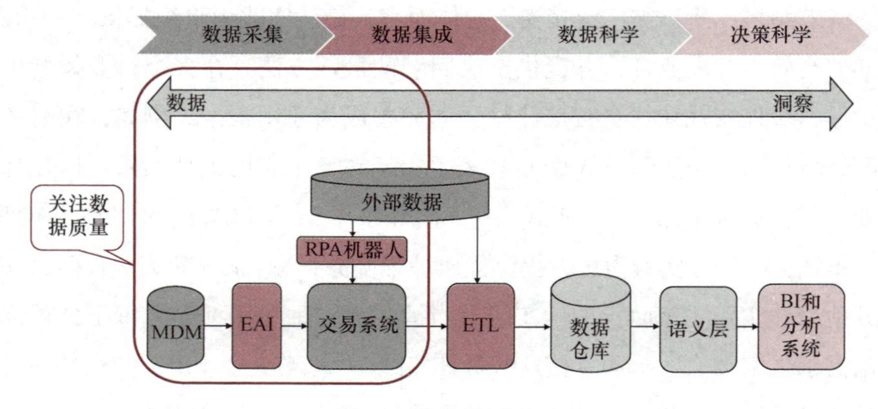

图 8.1　简化的数据流

再次强调，在数据生命周期的早期，改善数据质量非常重要。我们都知道“预防胜于治疗”的理念。这个理念适用于医学、商业、制造业，甚至数字和数据管理领域。在第 3 章中，我们介绍了 1-10-100 数据质量规则。美国国家标准技术研究所（NIST）发现，在生产阶段修复错误的平均时间为 15 小时，而如果在构建阶段发现相同的错误，则只需要 5 小时的工作量。IBM 报告称，在产品发布后发现错误的修复成本是设计阶段的 4~5倍，是维护阶段的 100 倍（Burns，2017）。总体而言，早期检测可以更快地采取行动，节省宝贵的时间，并防止并发症和问题的迅速恶化。

回到最佳实践清单上，本章将介绍的前六项最佳实践与数据采集有关。接下来的四个最佳实践是关于数据集成和数据消费的，将在第 9 章进行讨论。

8.3　BP 1：确定业务 KPI 以及这些 KPI 和相关数据的所有权

可以利用平衡计分卡（BSC）和目标-问题-度量（GQM）等绩效框架来制定 KPI 框架。

管理大师彼得·德鲁克曾指出：“你不能管理你无法衡量的东西。”在这方面，关键绩效指标（KPI）是一种可量化的度量标准，用于评估实体在实现绩效目标方面的成功程度。换句话说，KPI提供了业务绩效的可见性，并且通过提供详细信息可以推断出业务价值。除此之外，KPI还推动了业务行为、业绩和组织文化（Southekal，2020）。为了建立特定于组织的KPI框架，需要先根据组织的业务战略和目标提出针对性的问题。由于KPI是公式和数据的组合，一旦确定了KPI，组织便能够确定关键数据对象。为了实现有意义的业务改进，这些KPI必须与特定的目的或目标值、公差限制、控制限制和规格限制相对应。

KPI框架建立完毕后，下一步是确定对这些KPI的所有权。虽然设计和实施KPI模型比较复杂，但更具挑战性的是将从KPI中获得的洞察力整合到企业运营模型中，并在运营、合规和决策方面提高业绩。成功的变革举措通常与责任或所有权有关。这意味着需要一个负责任的领导者密切跟踪KPI的表现。例如，如果KPI是“客户主数据完整性”，则建议销售经理跟踪和提高客户主数据的质量。一旦我们选择了KPI并确定了这些KPI的所有权，则需要识别KPI中相关的数据对象。

然而，通常情况下业务领导者需要管理业务交付成果，而不是专注于数据质量。业务领导者承担数据所有权职责的激励因素和驱动因素。这也引发了业务领导者对承担数据所有权需要的激励、承诺和技能的疑问。

首先，业务领导者承担数据所有权的驱动因素是什么？虽然数据提供了改善业务机会和增长的可能性，但管理不当会导致复杂性和业务风险增加。将数据所有权委托给IT应该仅涉及存储、处理和安全方面，而数据的使用将由业务部门负责。例如，2017年，黑客访问信用报告机构Equifax的数百万客户记录，导致该公司斥资14亿美元改造技术基础设施。此前有报道称剑桥分析公司未经授权访问了5000多万名脸书用户的账户，而这一数据丑闻导致脸书市值损失350亿美元。这些案例都说明了不恰当的使用数据会使企业处于危险境地。

其次，现如今每家公司都是数据公司，每个员工都应该成为一位数据专家。因此，企业管理层及其员工都需要具备相应的数据素养，以便能够理解和管理数据。随着数字化的快速发展，未来数字素养将成为一项基本技能。根据Hurst 2018年的研究，超过93%的高价值工作是数字化的，并且这些数字化流程的产出就是数据（Hurst，2018）。因此，数据素养是10种最佳实践之一，并将在下一节中介绍。

最后，如果企业管理层没有时间承担数据所有权角色，可以将所有权委派给不同的数据所有者。在 DARS 方法论中的持续阶段的数据治理的内容中将会详细介绍数据所有者的角色。

8.4 BP 2：建立和提高组织中的数据文化和素养

在第一个最佳实践中，我们讨论了对业务绩效至关重要的关键数据对象，并确定了这些数据的所有者，然后基于业务 KPI 来改进数据质量。在数据质量管理中，数据所有权至关重要。建立数据文化或提高数据素养是实现数据所有权的一种有效方式。数据素养是理解和传达数据及其洞察的能力。麻省理工学院教授凯瑟琳·德伊格纳齐奥（Catherine D'Ignazio）和科学家拉胡尔·巴尔加瓦（Rahul Bhargava）将数据素养定义为以下能力（Brown，2021）：

- 阅读数据，即了解什么是数据及其代表的现实世界的特征。
- 处理数据，包括创建、获取、清理和管理数据。
- 分析数据，包括过滤、排序、聚合、比较以及对其执行其他分析操作。
- 论证数据，即使用数据来支持更大的叙事，旨在向特定受众传达一些信息或故事。

据说，21 世纪的数字素养就像 20 世纪的文盲问题一样普遍存在。埃森哲对超过 9000 名从事各种角色的员工进行的一项数字素养调查发现，只有 21%的人对自己的数字素养技能感到自信（Accenture，2020）。据 Gartner 的数据显示，数字素养是阻止公司转型成为数据驱动型企业的第二大障碍（Gartner，2017）。那么，如何提高企业中的数字素养呢？

建立强大的数据和数据分析文化需要通过度量来提高业务绩效。如果组织不相信度量和绩效改进，那么期望从数据和数据分析中实现业务价值将会非常具有挑战性。

数据素养的成功实施取决于强大的数据文化。但是，什么是数据文化呢？从技术上讲，数据文化是组织中人们利用数据提高业务绩效的集体信念和行为。从根本上说，以数据为中心的文化使组织更加有效且高效。根据 Forrester 的报告，使用数据进行决策洞察的组织实现两位数增长的可能性几乎是其他组织的三倍（Evelson，2020）。麻省理工学院的一份报告发现，以数据驱动的文化会促进收入增加、盈利能力改善和运营效率提高（Brown，2020）。IDC 的研究表明，当组织拥有数据文化时，才能实现数据的全部价值（IDC，2021）。

那么，企业如何建立一个促进数据素养和质量提升的数据文化呢？有很多方法可供选择，以下是企业构建数据文化的三个关键因素（Southekal，2022）。

（1）培养服务型文化。服务型文化注重持续与利益相关者创建价值和信任。这是因为要想提供一致性服务，必须有一个可靠的参考框架来衡量服务水平，而这个可靠的参考框架来自高质量的数据。

（2）关注持续绩效改进。一致性服务取决于衡量和提高业绩所需的高质量数据。本质上，度量建立了可见性，而可见性推动了业绩。换句话说，业绩管理框架提升了数据质量水平。

（3）强调共识文化而非等级文化。与等级文化不同的是，共识文化的决策主要依赖于由数据驱动产生的洞察力，而非职称、职位和资历等因素。

以强大的数据文化为基础，如下两个关键最佳实践有助于数据素养的培育：

- 实施培训计划。
- 利用描述性分析。

8.4.1 实施培训计划

数据管理是一个涵盖商业、数学、社会科学、计算机科学等多个领域专业知识的跨学科领域。因此，数据素养培训课程应该包括这些领域的相关主题，评估员工当前的技能水平，并制定适当的学习路径。具体而言，数据素养培训计划应涵盖以下内容：

（1）技术需求。应该涉及数据整个生命周期的管理，包括数据安全和数据存储等方面。

（2）组织需求。在大多数企业中，数据由 IT 或数据团队管理，迫使他们承担“数据管理者”的责任，这可能导致数据孤岛问题。然而，数据孤岛往往是组织孤岛所致。因此，数据素养的组织方面应侧重于促进团队协作和数据共享的因素。

（3）个人需求。对于许多业务用户来说，管理数据的新工具、技术和流程可能会让他们应接不暇。数据素养计划应满足个人需求，并澄清任何对数据能力和局限性的误解，以便人们更有效地参与数据分析和应用。

图8.2展示了数据素养应具备的十项技术能力，即有效处理数据所需的知识和技能。

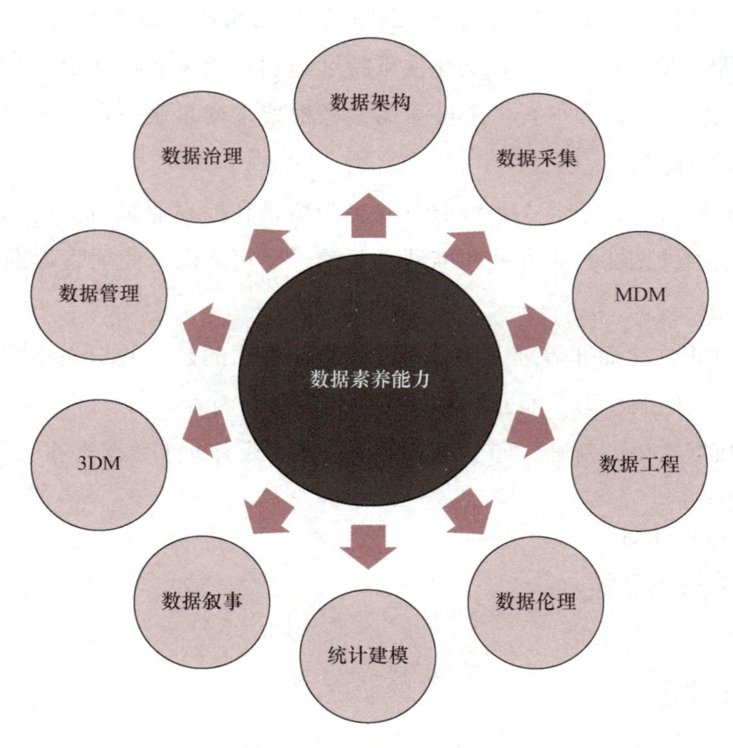

图8.2　数据素养能力

下面简要介绍这十项数据素养能力和相应的软技能。

（1）数据架构：是指在数据生命周期中管理数据的模型、政策、规则和标准。

（2）数据采集：将来自我们周围世界的数字化数据存储到IT系统中的过程。

（3）主数据管理：主数据管理（MDM）是一种技术支持学科，业务和IT共同确保企业官方共享的主数据的统一性、准确性、管护责任、语义一致性和问责制。主数据是一组一致和统一的标识符和扩展属性，用于描述企业的核心实体，包括客户、潜在客户、公民、供应商、站点、层次结构和会计科目表。

（4）数据工程：设计和构建用于大规模收集、存储和分析业务数据和元数据的系统的实践。它还包括确定数据是否干净的知识和技能，以及他们是否使用最佳方法和工具采取必要行动解决任何问题，以确保数据处于适合分析的形式。

（5）数据伦理：允许一个人以合乎伦理的方式获取、使用、解释和共享数据的知识，包括承认法律和伦理问题（如偏见、隐私）。

（6）统计建模：利用数学模型和统计假设得出见解。这包括通过分析数据提出和回答一系列问题所需的知识和技能，如制订分析计划，选择和使用适当的统计技术和工具，以及解释、评估结果并将其与其他发现进行比较。

（7）数据叙事：也称讲数据故事，是指描述统计信息（即已分析的数据）中相互影响的关键点所需的知识和技能。这包括确定演讲的预期结果，确定观众的需求和对主题的熟悉程度，建立上下文，并选择有效的可视化效果。

（8）3DM（DDDM），即数据驱动的决策制定：使用事实、指标和数据来指导与您的目标、目的和实践相一致的战略业务决策。3DM 也被称为循证决策，是使用数据帮助决策和提供决策过程所需的知识和技能。这包括在处理数据时进行批判性思考、制定适当的商业问题、确定适当的数据集、决定衡量的优先次序、优先考虑从数据中获得的信息、将数据转换为可操作的信息，以及权衡可能的解决办法和决定的优点和影响。

（9）数据管理：有效管理数据资产所需的知识和技能。这包括监督数据以确保其适用性、可访问性，以及遵守政策、指令和法规。

（10）数据治理：对决策权和责任框架进行规范，以确保在数据和数据分析的评估、创建、消费和控制方面采取适当行为。

以上 10 项能力是可以通过培训快速掌握的，并且是可以衡量、量化的硬技能。虽然这些硬技能很重要，但个人品格特质，如人际关系技巧及职业道德等软技能也是数据素养的重要组成部分。软技能本质上是塑造一个人如何与他人合作工作的习惯和特征。数据专业人员所需的软技能有哪些呢？虽然每个公司对于数据分析专业人员所需的软技能有所差异，但仍然有一些常见的软技能是通用的，可以应用于几乎每个公司中的每个数据分析角色。与数据分析相关的五项软技能为：沟通（Communication）、协作（Collaboration）、批判性思维（Critical thinking）、好奇心（Curiosity）和创造力（Creativity）。因为这五项技能的英文单词均为字母 C 开头，通常称为 5C，下面将详细介绍 5C 的内容及其开发策略。

（1）良好的沟通技巧对于让自己和其他人准确快速地理解信息至关重要。数据分析项目中的交流不仅仅是写作和口语，还包括听力。倾听技能很重要，因为一个人必须密切关注其他人，尤其是数据和洞察力的消费者所说的话，以了解他们的洞察力需求和决策需求。由于业务和技术的复杂性，数据和洞察力的消费者在表达他们的需求时往往是模棱两可的。积极倾听并提出正确的探究性问题有助于澄清和界定消费者的真实要求和需求。数据分析专业人员的积极倾听有助于业务利益相关者（即数据和洞察力的消费者）敞开心扉，避免误解，建立互信。

（2）数据和数据分析是一个团队合作的过程，业务、IT 和数据团队需要共同努力。协作技能使得数据分析专业人员能够成功地与其他团队一起实现共同目标。通过培养两个关键方面可以进一步提高协作效果：开放心态，即对新颖想法持开放态度并接受它们；尊重其他团队成员，在你重视他们的意见并征求他们在各种问题和难题上的想法和观点时表现出尊重。

（3）数据和数据分析中的第三个软技能是批判性思维。批判性思维是以一致而系统的方式理性地思考并解决问题的能力。在核心层面上，数据分析就是为了获得洞察力来做出决策并提问。数据分析中的批判性思维涉及质疑假设、识别与构建问题相关联的偏见、验证假设、选择适当模型、评价分析结果准确性、推导并传达可操作洞察力以及评估使用洞察力进行决策时所涉及的伦理等。

（4）好奇心是数据分析中一个重要的软技能。这是因为数据和数据分析项目充满了不确定性、模糊性以及许多挑战，如决策目标不明确、时间和资源限制、缺乏专业知识、低质量的数据、使用数据时的道德和隐私问题等。商业和数据分析领域在不断发展，好奇心使得专业分析人员能够持续学习并扩展他们的知识，多样化他们的技术。在数据分析项目中表现出好奇心还可以增强一个人通过提问快速克服障碍的能力。有力的问题是开放式问题，创造可能性，并鼓励更深入地理解和发现。

（5）数据与分析中的第五个软技能是创造力。数据分析就是要发现洞察力，成功的分析专家将会持续探索以确保洞察始终及时准确且与业务相关。在数据与分析中，创造力是生成新而有用的洞察来改善企业绩效的过程。由于通常存在多种方法来解决用户需求和需要，所以具备创造力可以使得分析专家考虑并探索不同的可能性和观点，在汇聚到特定方案之前进行实验以验证变量之间的因果关系。总体而言，数据与分析中的创造力和实验是商业创新的载体。

8.4.2　利用描述性分析

虽然培训是提高数据素养的重要途径，但数据团队通常是通过实践来学习的。在多数情况下，每个人的学习方式都不相同，这包括在运营、合规和决策中使用数据和洞察。将培训与实践相结合，可以在整个企业中创造一种共同谈论数据和洞察的方式。通过实践和实际操作，可以让人们学习相关概念、操练相关方法，以及故障排除等技能，从而增强信心。其中一种实践学习的关键方法是利用报告和仪表板进行描述性分析。但是，在数据素养的语境下，描述性分析究竟是什么？描述性分析是为了更好地了解过去的业务表现而对数据进行的解释。

简单来说，描述性分析是通过分析历史业务数据，回答一些基本问题，例如“发生了什么？”“上季度我们销售了多少？”“哪种产品销售最多？”“根据收入排名前五位客户是谁？”等，此类问题的答案有助于提高我们的数据素养，因为这些基本问题及其相关的 KPI 形成组织内部通用的沟通术语。例如，如果一个团队的项目旨在优化现金转换周期（CCC），但他们对 CCC KPI 及其派生方式，以及它对他们和组织的意义缺乏理解，那么他们可能最终不会去运用相关的洞察结论。

从数据和数据分析中获得业务成果的关键是管理变革，而在企业中实现变革的关键因素是培训或理解。

此外，描述性分析依赖于历史数据，这些数据比用于预测分析的数据更准确，因为预测分析是基于假设的。例如，上一季度销售收入（描述性分析）比下一季度销售收入预测（预测分析）更加准确。上一季度的销售收入是从 ERP 系统中得出的，它符合 GAAP/IFRS 会计准则，因此具有更高的数据可信度，而下一季度的销售收入是基于假设的，因此不太准确。总体而言，来自历史数据的洞察比来自预测分析的洞察更准确、可信，因为预测分析涉及关于未来的不确定性和概率性预测。总的来说，描述性分析提高了数据的利用效率，从而提高了业务绩效。相对于其他类型的分析，描述性分析所提供的数据和洞察更加可靠和准确，有助于提高沟通效率。

8.5 BP 3：确定当前和期望的数据质量的状态

数据质量评估或数据剖析是提高数据质量的关键。在数据质量方面，需要了解数据的状况，才能改善数据质量，也就是说，需要通过数据剖析来确定期望达到的数据质量水平。数据剖析是检查、分析、审查和总结数据以了解其质量情况的过程。具体而言，数据剖析是通过分析数据集来总结其“3D”特征的过程，包括：

- 探索（Discover）数据基本结构，包括关键变量、关系等。
- 确定（Determine）数据分布情况。
- 检测（Detect）异常值。

对关键数据属性的剖析应涵盖度量实体的中心性和变异性，以及相关的数据质量维度，如准确性、完备性、完整性等。该剖析过程将作为企业当前数据质量状况的基线。在完成当前数据质量状况的评估后，可以基于更大的组织目标和可用资源，设定关键绩效指标（KPI）。这些 KPI 目标值应该由公差限制、控制限制和规格限制来支持。

（1）目标值应该是明确的目标或一个平均值，用于度量实体所期望的理想状态。

（2）公差限制是度量实体可接受的极限值。在实践中，如果已知标准差，公差上限（UTL）和公差下限（LTL）通常为平均值或目标值±1 个标准差。

（3）控制图用于确定度量实体是否处于受控状态。控制限制为警告指标。控制图包含一条代表平均值的中心线，即目标以及另外两条水平线：控制上限（UCL）和控制下限（LCL）。UCL 和 LCL 通常为平均值或目标值±3 个标准差。

（4）规格限制由规格上限和下限阈值包围，不能越过这些限制。如果度量实体越过规格极限，应立即采取适当的纠正措施。规格上限（USL）和规格下限（LSL）通常为平均值或目标值±6 个标准差。

目标值、公差限制、控制限制和规格限制之间的关系如图 8.3 所示。

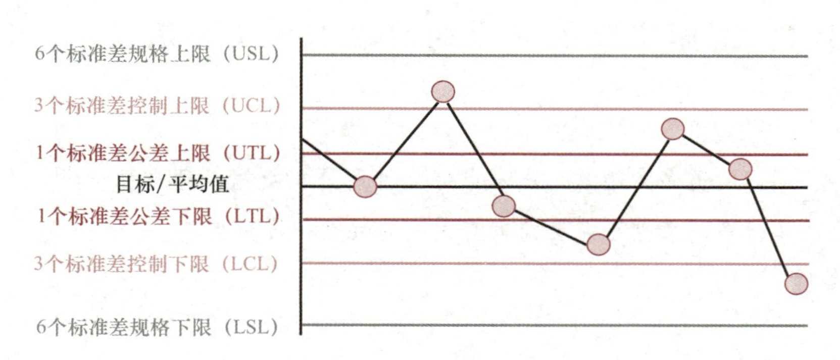

图 8.3　目标值、公差限制、控制限制和规格限制的关系

表 8.1 所示为某产品主数据质量状况的示例，反映了六个数据质量维度映射到期望的数据质量状况。

表 8.1　某产品主数据质量状况示例表

产品主数据质量 KPI	当前水平	目标	LTL	UTL	LCL	UCL	LSL	USL
符合标准	53%	80%	78%	82%	75%	85%	70%	90%
完整性	70%	80%	78%	82%	75%	85%	70%	90%
基数/唯一性	58%	80%	78%	82%	75%	85%	70%	90%
及时性/近期	20%	70%	68%	72%	65%	75%	60%	80%
覆盖范围	40%	75%	72%	77%	70%	80%	65%	85%
准确性	55%	80%	78%	82%	75%	85%	70%	90%
数据质量指标（DQI）	49%							

一旦数据质量 KPI 开始显示改善迹象，就应该定期向业务利益相关者传达改进数据质量的好处，以进一步促进实现期望状态所需的变化。数据领导需要评估数据质量计划的影响，并定期向利益相关者传达业务成果，如收入增长、成本降低、风险缓解等。总的来说，每一项业绩改进举措，包括数据质量改进举措，都应该是有背景的，而这个 KPI 的背景可以来自目标值、公差限制、控制限制和规格限制等方面。

8.6 BP 4：遵循极简主义原则的数据采集方法

更多并不总是代表更好，特别是在数据管理方面。事实上，拥有过多的数据可能会像拥有太少的数据一样糟糕。

今天的公司收集了大量的数据，通常是基于“拥有越多的数据就越好”这样的想法。但是这种想法忽视了一个事实，随着收集的数据量增加，噪声、冗余和过时的数据也就增多，对这些数据的管理和分析也会变得更加困难。尽管数据量很大，但其中真正有用的数据却很少。根据 IBM 和卡内基梅隆大学进行的研究，典型的企业数据中有 90%属于暗数据（Southekal，2020）。暗数据通常指从未被使用的业务数据。那企业为什么要保留暗数据呢？

首先，许多组织表示他们保留暗数据是为了遵守监管合规性要求。例如，根据加拿大隐私专员办公室（OPC）的说法，保险提供商应该至少保存三年的保险记录，因为三年的保留期与保险行业中的欺诈检测和预防相关联。美国食品药品监督管理局联邦法规第 21 章规定，美国制药公司应至少保存一年的与药物生产、控制或分销相关的数据。在此期间，这些数据的使用量实际上很小，在保留期之后，大多数公司都会忽视这些数据，甚至忘记归档或清除它们。

其次，组织内部信息孤岛和缺乏跨团队协作也是暗数据存在的原因之一。暗数据可能存储在遗留或退役应用程序、休眠的内容服务器、日志文件、客户投诉、地理位置数据、数据集成负载、离职员工邮箱、共享网络驱动器和许多其他存储库中。由于这些数据未被适当地管理和维护，因此未能发挥潜在价值。

最后，许多公司因规避风险而保留所有的生产报告、合同、发票和维护数据。他们这么做通常是为了避免潜在风险，即使清理行动带来的潜在好处等于或超过损失。

数据管理和数据治理的目标不是管理更多的数据，而是管理正确的数据。

总的来说，当企业采集的大部分数据都没有被使用时，提高数据质量会变得具有挑战性，因为很多精力都浪费在改善从未被需要或使用的数据质量上。就像闲置的机器或库存一样，任何未使用的数据资产也是一种负债和风险。虽然过少的数据会影响基于数据驱动的业务绩效，但大量数据（特别是暗数据）同样也可能阻碍企业发展。因此，一个好的数据策略需要在足够多的数据和暗数据之间找到正确的平衡点。“小数据、更高效”的方法可以更容易节省时间、降低成本，同时提高数据质量。那么，在数据采集过程中，如何实施数据极简主义或最小可行数据（MVD）的最佳实践呢？基本上遵循三个原则。

- 根据目标采集数据。
- 重复利用标准化业务流程中的数据。
- 数据结构化。

业务敏捷性是指放弃不需要的，只保留经常使用的。

让我们进一步详细地讨论这三种数据最小化的实践。现在，KPI 已经选定，并且在 BP1 中已经确定了数据元素，接下来将致力于采集和提高与其相关数据的质量。或者说，组织应该将重点放在与关键数据元素（CDE）密切相关的数据上。虽然可能很难列出所有关键数据元素的清单，但只需要采集满足适用于三个主要目标（运营、合规和决策）之一的数据元素即可。基本上，数据采集应是目标驱动的而不是因为本地服务器或云服务器存储便宜而驱动的。

此外，在进行数据采集时，应通过主数据管理来重用运营和合规数据，通过语义层来重用分析数据。主数据管理和语义层在第 7 章中进行了讨论，并将在下一节中作为最佳实践再次进行讨论。数据重用可以帮助企业节省时间，降低存储成本，并加快数据发现速度。此外，数据重用有助于利用现有数据发掘新的业务机会。那么，数据重用的最佳实践是什么呢？数据重用可以在标准化的业务流程中启用。价值流图（VSM）是一款很好的支撑工具，有助于构建精简数量的数字系统、高效的数据模型和一致的数据定义。图 8.4 是保险公司基本数据或关键数据的简单 VSM 示例。

数据极简主义的第三个实践是数据结构化，它利用预定义的数据模型，使数据变得更好地使用和理解。如今，超过 80%的业务数据是文档、音频、视频、图像等（Davis，2019）。非结构化数据允许以原生格式轻松快速地被采集，因为它们在采集时没有预定义的数据模型和正确的数据结构。然而，与易于操作和查询的结构化数据相比，要实现高效访问、查询和处理非结构化数据成为企业数据消费的一个难题。

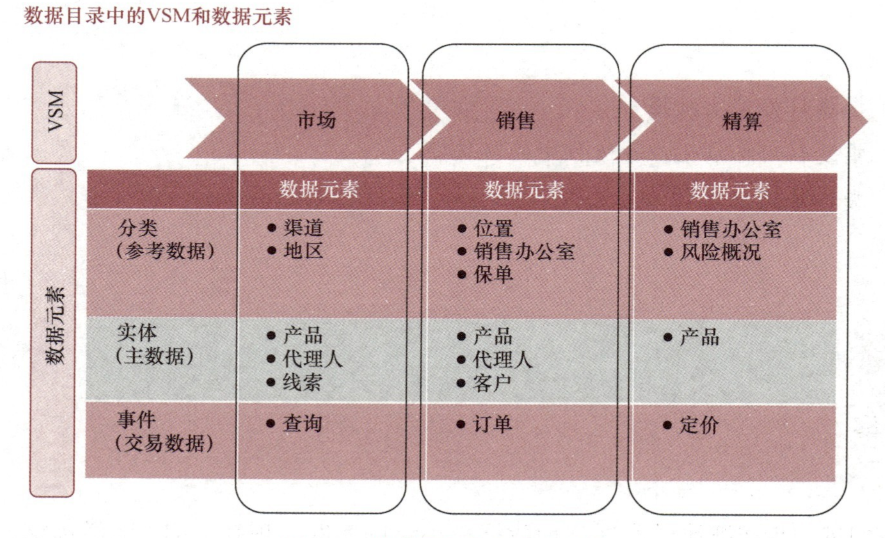

图 8.4 数据元素的价值流映射

另外，未使用的暗数据也会对环境产生不良影响。如今，在很多公司中，环境、社会和治理（ESG）是一项重要的倡议，并对数字技术的环境影响越来越大。具体而言，数字技术占温室气体排放量（GHG）的 4%，数字技术的能源消耗每年增长 9%。例如，根据斯坦福大学的研究，每年在云中存储 100GB 的数据将导致约 200 千克的二氧化碳排放（Rona，2020）。此外，与交通运输相比，数据消费造成的碳排放也处于非常高的影响水平。

一辆汽车平均每年会燃烧 2000 升汽油，释放出约 4600 千克的二氧化碳。此外，根据 IDG 2016 年的数据，平均每家公司每年的数据消耗达到 350 TB，其中 46%的数据（即 161 TB）得到了处理。而根据 IDC 2021 年对全球数据领域的预测，全球数据的创建和复制将以 23%的年复合增长率（CAGR）增长，在 2025 年之前这一趋势将持续。因此，从 2022 年开始算起，一家普通公司每年的数据消耗约为 1200 TB，其中 46%的数据（即 552 TB）得到了处理。这意味着，这些公司的碳排放量将达到 1092000 千克，相当于 237 辆汽车每年的碳排放总量。另外，深度学习的研究也被证明对碳排放造成了影响。根据麻省理工学院的调查，仅仅训练一种人工智能算法就会产生大量的碳排放，相当于 5 辆汽车在十年使用期内的总排放量，达到了 2300 吨碳的规模（Hao，2019）。

8.7　BP 5：选择并定义用于提高质量的数据属性

现在我们已经确定了改进数据质量所需的关键数据元素集合。下一步是为所选的数据元素或对象定义特定属性。从数据科学和机器学习的角度来看，这些数据属性也被称为特征或标签。例如，如果产品主数据是关键的数据元素，那么识别符、描述、计量单位、大小、重量、类别等属性就是与管理数据质量相关的属性或特征。

确定了数据元素后，需要定义他们的属性。当为所选的数据要素定义数据属性时，应该全面考虑技术和功能两个方面。数据属性的技术定义主要包括格式、类型、长度等元数据特征。不过，从语义或功能视角定义数据属性通常会引发一些问题。因为业务用户在访问、沟通、解释和使用数据时，上下文因素会发挥重要作用。因此，以全面和一致的方式在功能上定义数据非常具有挑战性。

那么，不良的数据定义会对业务产生什么影响？为什么在语义上定义数据很重要？从语义上定义数据要基于业务人员使用数据的上下文。由于大量数据被采集到 IT 系统中，其速度和种类的差异被严重放大，其变化主要有三种类型，分别是不同利益相关者的观点、价值链的特殊性和业务流程的差异。让我们举一些常见而简单的例子，从三个主要方面来看看数据的语义或功能定义的影响。

（1）不同利益相关者的观点。不同利益相关者在组织中扮演不同的角色和职责，因此他们之间的关系也不同。例如，财务和采购在管理供应商和代理人关系方面经常具有不同的观点。采购将供应商或代理人视为服务提供商，而财务通常从成本核算和预算角度看待同一批供应商。较短的付款期限对采购来说很有吸引力，因为它可以改善供应商的服务水平。然而，这种较短的付款期限会影响现金流，这通常得不到财务部门的支持。那么，供应商支付条件是服务要素还是成本要素呢？

（2）价值链的特殊性。由于价值链的迥异特征，数据定义也会不一致。客户是潜在客户还是用户（谁支付发票）？客户、线索、潜在客户和用户是否指同一实体？如果供应商是提供货物和服务并获得报酬的实体，那么员工可以被定义为供应商吗？因为员工也提供服务并且按照工作获得报酬。

因此，除非根据客户或供应商在价值链中的影响，从语义层面对其进行定义，否则将会导致数据使用方面的误解。

（3）业务流程的差异。数据定义的差异也可能以业务流程的差异形式出现。让我们以保险业的索赔处理为例。处理索赔申请的开始时间是理赔专员收到索赔人文件的时间，还是从理赔专员完成对前一索赔申请的处理时间？除非明确定义了开始时间，否则在计算服务级别协议（SLA）时，可能会对这些时间有多种解释。前面讨论过的另一个常见示例是使用电话号码推导发票中的管辖权和税率。

要解决上述这些情境问题，我们需要从功能或消费角度清晰地定义数据。有三种主要方法来解决数据定义问题：主数据管理（MDM）、数据集成方法和语义层。从根本上讲，这些解决方案依赖于特定的场景以及在数据生命周期（DLC）中对数据质量的控制。

数据要素及其相关属性（不仅包括技术特征还包括语义和业务含义）最好保存在中央数据存储库的企业数据目录中。企业所有的仪表板、报告和数据接口应通过链接指向这个数据目录。数据目录是企业中可用数据的清单。数据目录不仅为用户提供查找和理解数据的上下文，还可以自动管理元数据。简单地说，数据目录是组织中数据资产的有序清单，为企业中的所有数据提供单一、全面的视图和更深入的可见性，以支持数据发现和治理。数据目录是数据发现和数据治理的组成部分，数据所有者、管理员、保管人和业务用户使用数据目录来了解数据资产在企业中的位置。

语义层和数据目录只是数据的表示形式。语义层和数据目录属于描述数据的元数据，本身不包含真实数据。尽管同属元数据，但两者目的不同。数据目录用于帮助用户发现和理解各类数据，支持数据治理。语义层专注于分析，包含有助于生成查询和产生洞察的数据对象信息。

那么数据目录与语义层有什么不同呢？数据目录和语义层都只是数据的表示形式。它们不保存任何数据，但都使用元数据指向数据源。两者之间的主要区别在于数据生命周期的阶段和用途。语义层位于规范化的数据存储（如数据仓库或数据集市）之上，使企业能够通过报告、仪表板或运行自定义查询来更轻松地满足分析需求。数据目录是组织中所有原始状态下的数据资产的有序清单，用于进行数据发现和管理。总体而言，数据目录和语义层是互补的，它们应该相互双向共享元数据。例如，AtScale 等语义层工具已经与 Alation 和 Collibra 等数据库工具集成起来了，以便最终用户可以发现分析模型，并且 IT 可以使用从数据库中获取到的影响分析程序对来自数据目录的数据变更进行影响分析。图 8.5 所示为 DLC 中的数据目录和语义层如何相互补充。

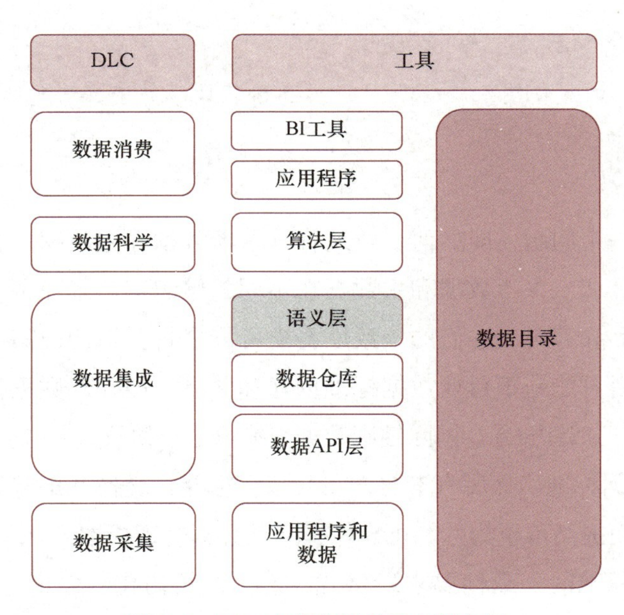

图 8.5　DLC 中的数据目录和语义层

8.8 BP 6：使用 MDM 系统中的数据标准采集和管理关键数据

现在我们有了关键数据元素及其相关属性。那么，我们实际上如何存储和管理这些关键数据元素呢？如前所述，从集成的角度来看，业务数据可以分为业务类别的参考数据、业务实体的主数据和业务事件的交易数据三种类型。参考数据和主数据是基础元素，因为它们作为关键和敏感数据在整个企业中被各种业务功能共享。敏感数据大多与隐私及其他机密交易数据属性有关，如利润率、客户折扣和工资详细信息。业务中的敏感数据包括隐私数据和机密数据。但是，企业如何大规模地提供关键数据元素的一致性？具体而言，这个问题涉及两个关键方面：

- 如何在整个企业范围内管理参考数据和主数据，确保其一致地应用于业务流程？
- 在数据生命周期的哪个系统中管理这些参考数据和主数据？

通过使用统一标准可以提高运营效率并确保合规性。

让我们解决第一个问题，即如何一致地管理参考数据和主数据。管理参考数据和主数据的最佳实践是什么？参考数据和主数据在不同的组织部门或业务单元中共享，如工厂、付款条件、产品和客户。它们的一致性要求可能来自公司的政策、流程和程序，即内部数据标准，或者可能基于行业数据标准创建和共享，即外部数据标准，如联合国标准产品和服务代码（UNSPSC），国际健康数据交换第七层协议（HL7）、产品信息交换标准（PIES）等。数据标准确保所有参与方在共享、存储、交换和解释数据时，使用相同的语言和方法，从而提高可重用性、可靠性并降低数据管理成本。

基本上，数据标准的一致性要求以格式、定义、结构化、标记等形式存在。例如，ISO 15926 是一个关于工业设备生命周期的数据标准，包括石油和天然气生产的工程、施工和维护阶段。PIES 是汽车行业产品数据的售后数据标准。UNSPSC 是一个用于对商品和服务进行分类的全球跨行业的分类标准。HL7 是用于开发和交换电子健康记录（EHR）的数据标准。总之，参考数据和主数据的持续管理应基于内部或外部的数据标准。

现在，让我们来看第二个问题，即在数据生命周期哪个系统中管理参考数据和主数据？管理参考数据和主数据的最佳实践是使用主数据管理（MDM）系统。MDM 系统提供了一整套策略、流程、程序、数据标准和工具，以帮助企业定义关键参考和主数据对象（如工厂、客户组、供应商、项目等），并提供标准和一致的单一参考点。从根本上说，主数据管理有助于为参考数据和主数据元素创建唯一的主记录。此外，通过主数据管理，可以对参考数据和主数据元素进行去重、分类、协调和丰富，从而在整个企业范围内获得一致可靠的关键业务数据源。通过主数据管理创建可信视图，参考数据和主数据就可以作为关键业务数据，在业务间进行管理和共享，以促进运营和法规遵从性的改进。

但是在通常情况下，有数百个参考数据和主数据元素需要管理。那么，应该管理哪些具体的参考数据和主数据对象呢？考虑到识别、管理参考数据和主数据元素所涉及的复杂性、风险和规模，组织该如何在主数据管理部署中优先选择特定的参考数据和主要数据元素？是客户、资产、供应商、项目还是任何其他元素？尽管每家公司都有所不同，但考虑到行业动态、竞争格局、内部挑战等因素，企业在实施主数据管理的数据选择时，可以遵循三条重要准则。

8.8.1　准则 1：业务战略驱动数据战略

如果业务战略着重关注前端流程，如零售和消费品行业的客户关系、收入管理等，则最佳 MDM 实践之一是从客户和产品主数据开始。同样，对于那些注重后端流程的行业，如石油天然气、采矿和制药行业，可以将焦点放在供应商、物料和资产主数据上。总体来说，以前端为中心的行业专注于客户和产品，而以后端为中心的行业专注于市场和物料。前端流程为业务带来收入和自由现金流（FCF），而后端流程通常侧重于将风险和成本降至最低。由于每一家公司都需要关注前端流程和后端流程才能取得成功，因此有时很难权衡，而这正是第二条规则发挥作用的时候。

8.8.2 准则 2：现金为王——对于每个企业都是如此

标准化和一致性数据的价值应该与业务影响相关联，并使用自由现金流（FCF）指标进行衡量。那么，为什么自由现金流很重要？优质的数据都是涉及业务交易的，而自由现金流是一种基于业务交易来衡量公司财务健康状况的指标。自由现金流是企业在支付运营费用（OPEX）和资本支出（CAPEX）后拥有的现金价值。自由现金流报告了企业可用的现金金额，这是公司盈利能力和估值的指标。那么，标准化和一致性的数据如何推动公司的自由现金流呢？

现金是企业拥有的流动性最强的资产，对每个企业的正常运营至关重要。企业需要产生足够的现金来支付其开销，并留下足够的余额以偿还投资者并发展业务。现金转换周期（CCC）是一个重要 KPI，可以显示一个公司将其资源转换成现金所需的时间周期，它与自由现金流密切相关。自由现金流是货币度量单位，而现金转换周期则度量实际获得该货币所需的时间长度。现金转换周期 KPI 具有三个组成部分：库存、应收账款或销售额以及应付账款。如果供应商和产品主数据质量不好，则应付账款 KPI 也会受到影响。例如，错误的供应商支付条款可能导致错误的应付账款 KPI。如果产品主数据质量较差，则库存指标也将受到负面影响，进而影响现金转换周期和自由现金流。如果客户主数据属性（如地址数据）存在质量问题，则公司将需要花费更多的时间才能从客户那里收回货款，这将导致应收账款 KPI 变得很差。然而，现金转换周期的三个组成部分之间的依赖关系通常会导致实施的复杂性，为了管理这种复杂性，下一个规则可以提供帮助。

8.8.3 准则 3：每种管理都是变革管理

虽然主数据管理是一个简单的概念，但在企业中实施起来却很具有挑战性。尽管所有业务部门都希望拥有业务数据的单一版本的真相（SVOT），但很少有业务部门愿意放弃对主数据的控制。信息孤岛是组织内部主数据管理项目获得成功的关键障碍之一。因此，在选择主数据实施时，应该优先考虑那些拥有高管级别支持者的业务部门，这些支持者不仅理解主数据和参考数据的价值，而且还能够投入足够的时间和资源来管理参考数据和主数据，以提高自己的业务绩效。

一旦实施了适当的主数据管理解决方案，并将参考数据和主数据元素作为单一版本的真相（SVOT）保留在主数据管理系统中，就应当向利益相关者沟通参考数据和主数据的正确来源。主数据管理的治理过程应包括业务规则、工作流程更改、角色映射、集成消息归档等内容，同时需要正确的技术支撑、文档记录以及领导层支持。

8.9　关键要点

以下是本章的关键要点。

（1）数据质量的最佳实践（BP）是数据治理和数据管理的关键原则和模式，用于实施解决方案并处理问题。原则提供高层次指南，它们是抽象而不具体的。与之相对应的模式是具体且经过验证的满足真实世界问题的方法。它们是最佳实践的具体实例化。原则和模式共同形成最佳实践。

（2）最佳实践可以产生高效可行、规范化以及可重复使用的结果。

（3）尽管有十个关键的最佳实践来改善数据质量，但本章只讨论了与数据采集相关的六个关键的数据质量最佳实践。

（4）表 8.2 总结了前六个数据质量最佳实践（BPs）

表 8.2　前六个数据质量最佳实践总结表

BP 的名字	理　论	关键活动
1. 确定业务 KPI 以及这些 KPI 和相关数据的所有权	每一项有意义的举措都始于一个需要用 KPI 客观衡量的目标。由于 KPI 涉及数据（和公式），识别 KPI 所有者中将产生数据所有者	1. 确定业务 KPI 及其所有者 2. 识别与 KPI 相关的数据 3. 将数据所有权分配/委派给 KPI 所有者
2. 建立和提高组织中的数据文化和素养	数据所有权是利用数据提高业务绩效的关键，灌输数据所有权的一种有效方法是建立数据素养	1. 实施数据素养培训计划 2. 利用描述性分析（报告和仪表板）进行更好的沟通 3. 利用工件、常用术语、正确的渠道和反馈循环制定沟通策略

（续）

BP 的名字	理　论	关键活动
3. 确定当前和期望的数据质量的状态	评估是任何绩效改进举措的起点。为了提高数据质量，你需要知道自己的立场	1. 用相关数据质量维度的中心性和变异性度量来描述数据的当前状态 2. 用目标值、公差限制、控制限制和规格限制客观地定义目标状态 3. 定期向业务利益相关者传达提高数据质量的好处
4. 遵循极简主义原则的数据采集方法	如今，采集的大部分数据都没有被使用。因此，提高数据质量变得具有挑战性，因为许多努力都浪费在了提高从未使用过的数据质量上	1. 根据运营、合规和决策的业务目标采集数据 2. 通过标准化的业务流程重用数据 3. 根据预定义的数据模型构建数据
5. 选择并定义用于提高质量的数据属性	每个数据元素都由多个属性或字段组成。一旦选择了相关的数据元素，就要关注与数据对象相关联的数据属性	1. 定义元数据或技术属性 2. 定义语义或功能属性 3. 将数据属性（技术和功能）纳入数据目录保存在中央存储中
6. 使用 MDM 系统中的数据标准采集和管理关键数据	参考数据和主数据元素在整个企业中共享，因此应该具有标准化和一致性。使参考数据和主数据标准化并保持一致的有效方法是与数据标准和主数据管理（MDM）保持一致	1. 利用 MDM 系统中的参考数据和主数据标准 2. 根据业务策略选择参考数据和主数据对象——前端流程或后端流程 3. 将 MDM 的价值与业务影响联系起来，特别是自由现金流（FCF）和现金转换周期（CCC）KPI 4. 拥有一位 MDM 的高管级冠军

8.10 结论

随着数据成为每个业务活动的核心部分，采集、存储、交换和消费的数据质量将成为业务成功的决定因素。由于数据采集是第一步，因此正确地采集数据可以提高效率、减少错误并改善输出。本文讨论的六种最佳实践侧重于业务绩效，特别是在数据生命周期的数据采集阶段。要成功实施这些最佳实践，需要结合战术和战略因素，如文化、治理、高层支持和激励机制等。

参考文献

Accenture. (2020). The human impact of data literacy. https://www.accenture.com/_acnmedia/PDF-115/Accenture-Human-Impact-Data-Literacy-Latest.pdf.

Brown, S. (September 2020). How to build a data-driven company. https://mitsloan.mit.edu/ideas-made-to-matter/how-to-build-a-data-driven-company.

Brown, S. (February 2021). How to build data literacy in your company. https://mitsloan.mit.edu/ideas-made-to-matter/how-to-build-data-literacy-your-company.

Burns, E. (March 2017). The cost of fixing bugs throughout the SDLC. https://techmonitor.ai/technology/software/cost-fixing-bugs-sdlc#:~:text=The%20Systems%20Sciences%20Institute%20at,uncovered%20during%20design%2C%20and%20up.

Davis, D. (July 2019). AI unleashes the power of unstructured data. https://bit.ly/3bD9QkC.

Evelson, B. (May 2020). Insights investments produce tangible benefits – yes, they do. https://www.forrester.com/blogs/data-analytics-and-insights-investments-produce-tangible-benefits-yes-they-do/.

Gartner. (November 2017). Survey analysis: Third Gartner CDO Survey – how chief data officers are driving business impact. https://www.gartner.com/en/documents/3834265.

Hao, K. (June 2019). Training a single AI model can emit as much carbon as five cars in their lifetimes. https://www.technologyreview.com/2019/06/06/239031/training-a-single-ai-model-can-emit-as-much-carbon-as-five-cars-in-their-lifetimes/.

Hurst, H. (November 2018). 5 systems of record every modern enterprise needs. https://www.workfront.com/blog/systems-of-record.

IDC. (March 2021). Data creation and replication will grow at a faster rate than installed storage capacity. https://www.idc.com/getdoc.jsp?containerId=prUS47560321.

IDC. (May 2021). How data culture fuels business value in data-driven organizations. IDC Thought Leadership white paper.

IDG. (2016). Data & analytics survey. https://cdn2.hubspot.net/hubfs/1624046/IDGE_Data_Analysis_2016_final.pdf.

Rona, E. (December 2020). Cloud footprint. https://kurious.ku.edu.tr/en/cloud-footprint/.

Southekal, P. (2020). *Analytics best practices*. Technics Publications.

Southekal, P. (September 2020). Illuminating dark data in enterprises. https://www.forbes.com/sites/forbestechcouncil/2020/09/25/illuminating-dark-data-in-enterprises/?sh=37e4fd6bc36a.

Southekal, P. (June 2022). Data culture: What it is and how to make it work. https://www.forbes.com/sites/forbestechcouncil/2022/06/27/data-culture-what-it-is-and-how-to-make-it-work/?sh=733c63120965.

第9章

数据质量最佳实践（二）

9.1 引言

在第8章，重点讨论了与数据采集有关的六个数据质量最佳实践。本章将讨论与数据集成相关的四个数据质量最佳实践。如今，业务数据很少以一种格式在一个系统中存在，它通常以多种格式存储于多个不同的系统中。例如，如果电信公司需要完整的客户画像，则必须从多个系统中组合这些信息，包括 ERP、CRM、营销系统、网站、物联网传感器，甚至代理商和合作伙伴的数据等；如果石油公司需要完整的供应商视图，则必须从诸如 ERP、采购、网站、信用评级数据、银行账户数据，甚至来自供应商产品目录的多个系统中组合这些信息。数据集成将从不同系统收集到的数据汇总为一种通用格式，并提供一个统一入口访问这些数据。从分析角度来看，在集成过程中所汇聚的数据均可被存入一个统一的“数据仓库”系统中。但是，也可以将来自不同交易系统的数据集成到一个共用的交易系统中，以进一步改善运营和合规流程。

数据集成的核心目标是快速、一致地实现企业范围内数据的完整视图。然而，数据集成非常耗时且成本高昂，许多组织报告称，糟糕的数据集成每年都会导致销售订单丢失、SLA 丢失、收入机会丢失和成本增加。据此可以得出，80%的分析工作与数据集成有关（Southkal，2020）。虽然没有一种标准的数据集成方法，但总有一些推荐的最佳实践，将在本章中介绍。

通常情况下，数据集成通常与数据管道密不可分。数据管道是用于自动化移动和转换数据的一组工具和过程，位于源系统和目标存储库之间。目标系统可以是交易性系统，也可以是统一数据存储系统，诸如数据仓库、数据湖或者数据湖仓等。

9.2　BP 7：合理化和自动化关键数据元素的集成

通常，企业范围内使用的参考数据和主数据分别由不同业务部门在不同系统中管理，导致数据存在多个版本。尽管许多组织已经实施了主数据管理，但在很多公司中仍存在多个主数据管理系统。为了将正确的数据确定为单一版本进行共享，这些数据需要进行合理化布局。例如，欧洲某个业务单元可能有一个以欧元支付的供应商，而美国某个业务单元可能在他们的系统中有相同供应商以美元支付。因此，在企业中存在两条供应商记录，但它们实际上是一个实体。那么如何为供应商主服务器创建单一版本的真相呢？当要为参考数据和主数据创建单一真相或黄金记录时，组织可以采用不同的集成模式。根据领先的主数据管理解决方案提供商 Stibo（Lonnon，2018）的研究，在创建参考数据和主数据的单一真相方面，有四种主要的主数据管理实现模式或架构可选择。

9.2.1　MDM 实现模式 1：注册表模式

注册表模式主要通过在各种源系统上运行的数据清理和匹配算法来识别重复项。它为匹配的记录分配唯一的全局标识符，以帮助确定单一版本的真相。虽然这种模式不会将数据发送回源系统，源系统中的主数据和参考数据的任何更改都依赖手动管理，但它能够清理并匹配交叉引用的信息。注册表架构或解决方案可清除并匹配交叉引用的信息，并假设源系统可以管理其自身数据的质量。它会存储用于匹配和提供相应记录之间链接的信息，并且可以根据需要访问该数据的视图。当需要一个单一的、全面的客户视图时，它会利用每个记录系统来构建 360 度视图。为确保黄金参考和主数据记录的可靠性，注册表模式需要对数据进行集中治理（见图 9.1）。

注册表模式的优点是什么呢？如果有多个系统存在冗余和重复的参考数据和主数据，则很难建立权威来源。注册表模式可以快速分析数据，同时避免覆盖源系统数据的风险。这种做法有助于避免在源数据更改时可能出现的潜在合规性问题或对其他监管要求的影响。从根本上说，注册表模式提供了一个只读的数据视图，不修改参考数据和主数据内容；它是消除重复数据并获得对参考数据和主数据的一致访问的有效方法。它提供了低成本、快速的数据集成，以及对源系统的最小干扰。

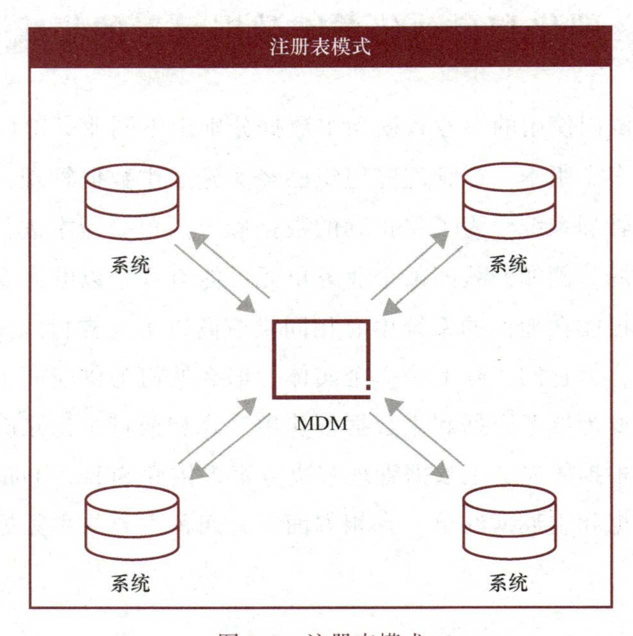

图 9.1　注册表模式

9.2.2　MDM 实现模式 2：整合模式

采用整合模式（见图 9.2），通常将多个来源的参考数据和主数据汇聚到一个数据中心，创建单一版本的真相，该版本称为黄金记录。这个黄金记录存储在中心枢纽中并用于业务运营。但是，对主数据进行的任何更新都会施加在原始来源上。

整合模式实施的主要优点是可以从多个现有系统中提取参考数据和主数据元素，并将它们导入到统一集成的主数据管理中心。然后，它可以对这些数据进行清理、匹配和整合，以提供一个或多个主数据域的完整单一记录。这种模式提供了一种快速有效的方式来实现单一版本的真相，并且实施速度快。

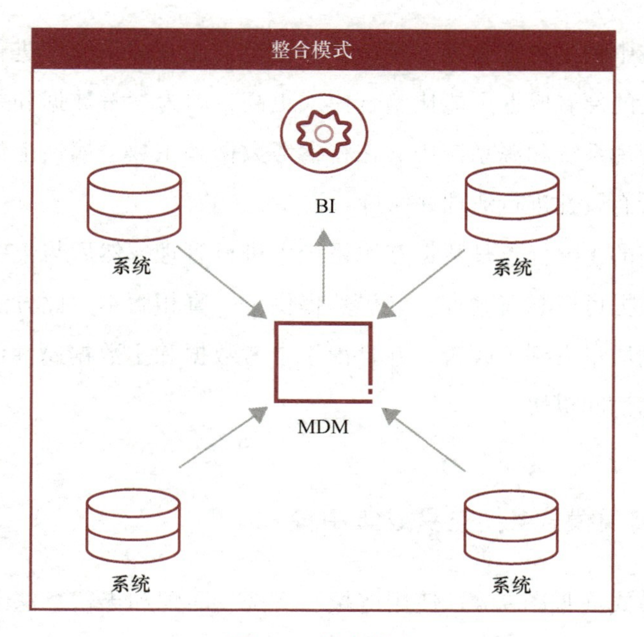

图 9.2　整合模式

9.2.3　MDM 实现模式 3：共存模式

共存模式（见图 9.3）允许以与整合模式相同的方式构建黄金记录。但是，参考数

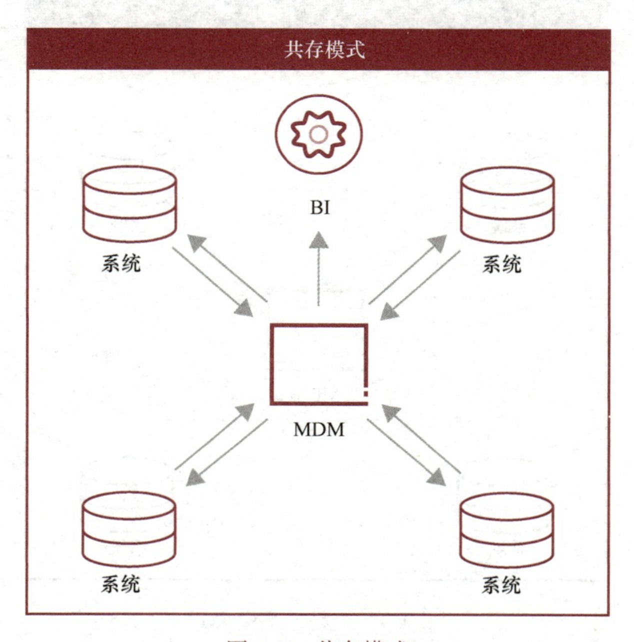

图 9.3　共存模式

据和主数据存储在中央主数据管理系统中，并且也会在其源系统中进行更新。与整合模式相比，共存模式的部署成本可能比整合模式更高，因为参考数据和主数据更改可能同时发生在主数据管理系统和源系统中。在将参考数据和主数据属性上传到主数据管理系统之前，需要对所有属性进行清理并保持一致。

共存模式实施的主要优点是数据在源系统中进行管理，然后与集中式主数据管理中心同步。这样，数据可以和谐共存，并仍然提供单一真相版本。此方法的另一个好处是参考数据和主数据质量得到了改善，并且由于参考数据和主数据属性位于各自的物理存储库中，因此数据访问更快。

9.2.4 MDM 实现模式 4：交易或集中模式

交易或集中模式（见图 9.4）使用链接、清洗、匹配和丰富算法来存储和维护参考数据和主数据属性，以增强数据。然后，增强的数据可以返回各自的源系统。主数据中心支持参考数据和主数据的合并，源系统可以订阅由中央系统发布的更新，以确保完全一致性。但是，这种模式需要对源系统进行双向交互的干预。交易或集中模式是主数据

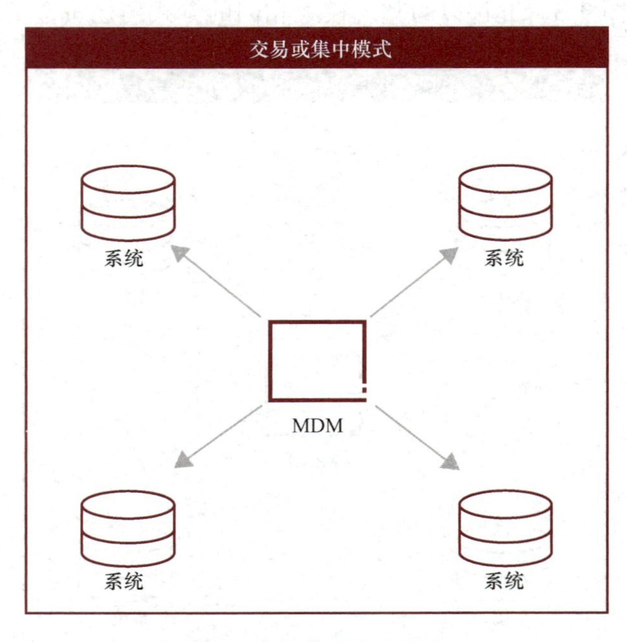

图 9.4　交易或集中模式

管理实现模式的巅峰，因为它可以将主数据中心作为整个组织主数据单一版本的真相的唯一提供者。

交易或集中模式的主数据管理实现模式的优点在于，参考数据和主数据始终保持准确完整，同时数据中心还可以支持数据属性级别的安全性和可视化策略。采用这种模式，可以实现对一个或多个域的参考数据和主数据的集中管理，为组织提供高度可靠的数据管理支持。像壳牌和宝洁这样的大型全球公司均采用这种体系结构来管理其参考数据和主数据（Southekal，2017）。

上述四种主数据管理实现模式能够帮助组织管理并维护最关键的数据元素（CDE），即参考数据和主数据。每种主数据管理实现模式都可以根据需要从一种模式发展到另一种模式。因此，主数据管理平台的选择应该参考这些实现模式。然而，由于组织的目标、业务流程和数据共享与协作文化等方面存在的差异，因此在组织之间，这些实现模式的差异也很大。总体而言，选择正确的主数据管理架构模式取决于两个关键因素（见图 9.5）：

- 数据量。
- 数据共享文化。

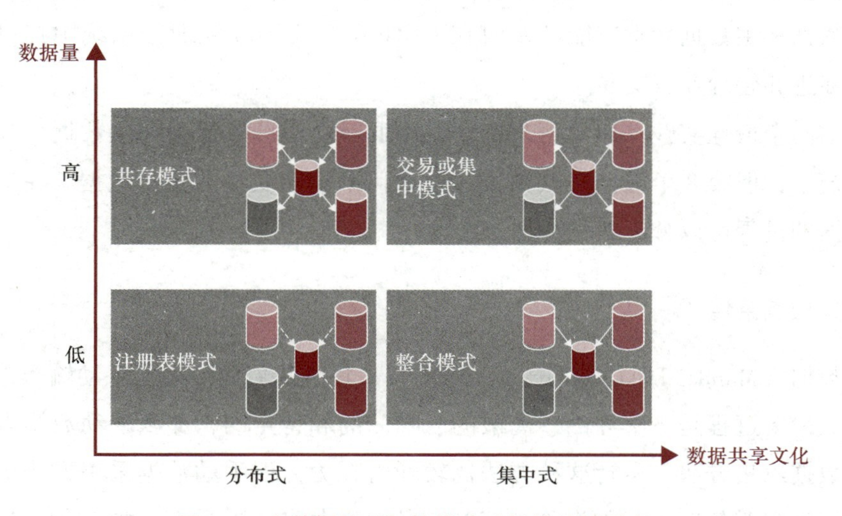

图 9.5　主数据管理架构模式选择的关键因素

此外，选择主数据管理架构还需要权衡实现黄金记录所需的参考数据和主数据质量要求以及努力（见图 9.6）。虽然注册表模式实现很快，但数据质量可能不够高；虽然集中式主数据管理架构需要投入大量精力和时间，但数据质量可以提高到很高的水平。

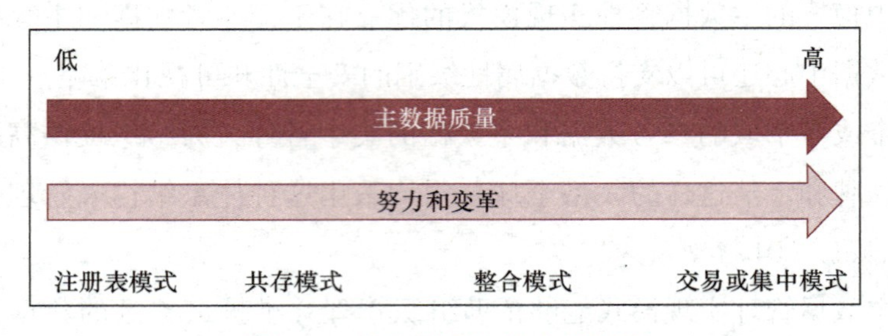

图 9.6 主数据架构模式成熟度

9.3 BP 8：定义 SoR 并在 SoR/OLTP 系统中安全地采集交易数据

在 BP 6 和 BP 7 中，我们讨论了使用主数据管理系统管理参考数据和主数据的最佳实践。但是，仅在主数据管理系统中创建这些关键数据并不能创造业务价值，我们需要将这些参考数据和主数据元素应用于业务交易中，如采购订单、索赔、合同、发货单据等，这些关键数据要素（CDE）包括工厂、货币、产品、客户、设备等。从技术上讲，这些参考数据和主数据元素应能够及时在 OLTP（在线事务处理）系统中提供，以支持这些系统促进和管理业务交易。

虽然前两个最佳实践（BP 6 和 BP 7）着眼于管理参考数据和主数据，并将其整合到交易系统中，但第 8 个最佳实践则关注于如何采集高质量的交易数据。在这方面，采集交易数据的过程可以分为两种类型。

1. 手动数据采集

手动数据（Manual Data Collection，MDC）采集意味着用户需要手动输入数据。如果数据和数据采集过程是一次性的、离散的、唯一的和特定的，那么手动数据采集就是一种有效的数据收集方法。尽管这种方法比较耗时耗力，但手动数据采集方法仍然会继续存在，因为许多业务流程（如询价、订单、退货和索赔）本质上是离散的。虽然手动数据输入是数据质量差的原因之一，但可以通过对相关人员进行适当的培训、应用质量控制方法等措施，来解决这些问题。

2. 自动化数据采集

自动化数据采集（Automatic Data Collection，ADC）是使用计算机技术来自动采集数据的方法。当数据和数据采集过程可以被定义、标准化和可预测时，自动化数据采集就是一种十分有效的数据收集方法。自动化数据采集需要投资购买技术设备，所以初始投资成本很高；但随着时间的推移，运营成本会显著降低，因为人力投入的成本很低。一些常见的 ADC 技术包括光学字符识别（OCR）、智能字符识别（ICR）、光学标记阅读（OMR）以及磁墨字符识别（MICR）、磁条卡、智能卡、Web 数据采集、语音识别技术等，这些技术可以提供更好的数据质量。

ADC 应该是数据采集的首选方法，适用于任何可行的情况。然而，ADC 的成功取决于制定与业务、工作流程和数据相关的规则。研究表明，当数据被自动采集时，30 份数据表单里平均有 0.38 个错误，而在相同的 30 份数据表单中，手动数据采集平均有 10.23 个错误（Barchard，2009）。从技术上讲，选择合适的 ADC 方法需要对数据格式、数据源、集成 API 和数据量有清楚的了解。考虑到当前数据采集的速度和数量，一种有效的策略是使用机器人流程自动化（RPA）或 RPA 机器人在记录系统（SoR）中自动采集数据，以减少错误。RPA 通过模拟人类行为与 IT 系统进行交互，速度更快、准确性更高。

那什么是 SoR（System of Record，记录系统）？SoR 是用于运行核心业务流程或交易事务的 OLTP（在线事务处理）IT 系统，如采购、人力资源、财务等业务流程，SoR 为这些业务交易创建权威的数据源。根据贝恩资本的 Ajay Agarwal 的说法，“记录系统（SoR）是支持特定业务流程的骨干软件”（Agarwal，2016）。那么 SoR 是如何实现数据质量的呢？虽然并非所有的 OLTP 都是 SoR，但 SoR 的核心就是实现企业中的数据质量，因为：

（1）SoR 通常靠近数据起源点位置，这使得及时采集数据成为可能。

（2）SoR 提供了一致的数据定义，通过创建以第三范式（3NF）为中心的数据模型，确保了多表之间的数据完整性。简单地说，3NF 数据模型有效地消除了冗余，使数据变得一致，并保持数据的完整性。

（3）SoR 都有一个大型用户社区，许多用户试图同时访问相同的数据。换句话说，用户依赖于具有相同定义的数据模型。这反过来又提高了数据素养和数据质量。

（4）SoR 通常使用关系数据库，旨在通过遵守 ACID 模型（原子性、一致性、隔离性和持久性）逐个处理单一记录。ACID 模型通过事务控制确保一致的数据库状态，即要么完成并生成正确结果，要么终止而没有不良后果。

（5）SoR 能够在较短的时间内响应用户请求，有助于用户保持高效率。因此，如果用户的效率高，那么数据质量提升的机会也会很大。

那么，什么是 SoR 的创建？如何使 OLTP 成为真相的权威来源，即 SoR 呢？例如，许多公司使用 Salesforce 和 HubSpot 等销售和营销工具管理客户和潜在客户；许多公司使用 SAP 等 ERP 应用程序和 Coupa 等采购应用程序来发挥会计和采购功能。那么，这些 OLTP 系统哪一个将成为 SoR 呢？对于销售和营销，是 Salesforce 还是 HubSpot？对于采购，是 SAP 还是 Coupa？以下是将 OLTP 认定为 SoR 的三条规则或标准。

第一，为更多业务用户提供服务的 OLTP 通常具有更多的功能、预构建的 API 连接器、大型生态系统（开发人员、系统集成商等），它们通常有潜在成为 SoR 的可能性。例如，与 SAP 集成的所有会计软件或服务都需要承担与 SAP 集成的责任，这意味着 SAP 起主导作用。同样，与 Apple、Oracle、Salesforce 等大型交易系统集成也需要依赖这些系统。

第二，在监管合规性方面使用的 OLTP 系统（如 GAAP、IFRS、SOX、HIPAA 和 GDPR）、财务报表、利益相关者关系等也可能成为潜在的 SoR。监管合规性是指组织遵守法律法规、指南及规范要求，并提供高质量的数据。这些系统中的数据质量应该很高，因为如果违反监管合规性，也就是产生低劣的数据质量，通常会受到法律惩罚，包括联邦罚款。正如第一章所述，在加拿大阿尔伯塔省发生 31500 桶原油泄漏时，总部位于该省的石油公司 Nexen 由于缺乏维护记录，而被阿尔伯塔省能源监管机构（AER）立即暂停了 15 个管道许可证（AER，2015）。

第三，系统变化率较低且寿命较长的系统可能成为潜在 SoR。也就是说，稳定性是 SoR 的关键。这是因为标准化的业务流程，如采购、会计、人力资源等，都在这些 SoR 中运行，从而生成了定义良好的数据模型和完善的工作流程。

因此，当这些 SoR 采集和管理数据时，数据质量会得到提高，因为它们通常是更接近业务流程的交易性数据。根据数据质量专家汤姆·雷德曼（Tom Redman）的说法，“要改善数据质量，请从源头开始”（Redman，2020），而这些源头应该就是 SoR。此外，在 SoR 中收集的数据通常是第一方数据。这不仅避免了数据丢失，还改进了数据治理实践，从而增强了对业务数据的信心和信任。

在 SoR 中采集的数据通常是结构化数据，非结构化数据的管理是将文件以数字形式保存在企业内容管理（ECM）系统中。ECM 系统以一种只有授权用户才能访问的安全方式支持非结构化数据，如文档、电子邮件和扫描图像。根据智能信息管理协会（AIIM）的说法，典型的 ECM 解决方案包括五项关键功能（Mixon，2022），分别是采集、管理、保存、存储和交付。

- 采集组件通过将发票、合同和研究报告等非结构化内容转换为电子格式的内容。
- 管理组件通过文档管理、协作软件、Web 内容管理和档案管理等方式连接、修改和使用内容。
- 存储组件在灵活的目录结构中临时存储频繁更改的内容，允许用户查看或编辑内容。
- 保存组件不用经常备份，对更改的内容做长期保存，通常通过档案管理来完成。它通常用于帮助组织遵守政府和其他法规。
- 交付组件为客户和最终用户提供他们所请求的内容。

此外，需要对 SoR（包括 ECM 系统）进行安全管理。SoR 的安全性要求是保护软件和数据免受威胁的过程，如未经授权的访问和修改等。身份验证、授权、日志记录和安全测试等措施可以显著增强 SoR 中软件的安全性水平。

（1）认证：识别用户或系统/API 身份的过程。它是确定某人或某物是否真的是它所声称的人或物的过程。这可以通过要求用户在登录应用程序时提供用户名和密码来实现。多因素身份验证可以进一步加强身份验证，这需要你知道的知识（如用户名和密码）、你拥有的东西（如移动设备）和你自己的东西（如指纹或面部识别）。SoR 还可以通过活动目录（Active Directory）、LDAP、OAuth 或任何其他身份验证平台的单点登录解决方案进行正确的身份验证。

（2）授权：经过用户或系统/API 认证后，根据角色授予用户访问应用程序的权限。基于角色的访问控制（RBAC）通常用于根据用户在组织中的角色为其分配权限。这应该包括保护敏感数据属性、根据用户的业务角色限制数据访问等功能。

（3）保密机制可保护敏感信息免受未经授权的披露。

（4）日志记录：帮助识别谁可以访问数据。如果应用程序中存在安全漏洞，日志可以提供一个带有时间戳的记录，记录应用程序的哪些方面被访问以及被谁访问。不可否认机制进一步确保日志文件未被篡改，从而可以在不质疑原始日志文件真实性的情况下进行分析。

（5）应用程序安全测试：这是核实和评估所有安全控件正常工作的必要过程。

数据安全在第 11 章中有详细介绍。

9.4 BP 9：构建和管理强大的数据集成能力

即使企业中存在可接受的 SoR，但在许多组织中，特别是交易数据，仍以不同格式分布在各种交易系统中。此外，如今的组织更偏向于使用专门的、满足个性化要求的交易系统，包括数据仓库、数据湖和分析引擎，以提高业务的灵活性、可扩展性和可靠性。这些来自各种 IT 系统的数据元素需要进行集成，才能获得统一视图，这些集成后的数据在技术上称为有效载荷。但在集成数据时经常会出现数据质量问题，考虑到导数据集成所涉及的规模、容量和自动化程度越来越高，即使很小的数据质量问题也会放大并影响业务表现。为了防止这种情况发生，公司的数据集成过程应借鉴数据集成的最佳实践进行精心设计。

选择数据集成的最佳实践依赖于四个关键因素。集成的数据可以是参考数据、主数据甚至是交易数据。

总的来说，当业务数据得到集成和统一时，其价值将呈指数级增长，特别是对于数据分析，企业可以全面采用各种分析方法来满足特定业务要求。下面让我们详细了解这四个关键的数据集成因素。

1. 拉取式和推送式集成方法的选择

拉取式（Pull）和推送式（Push）集成方法的选择基于哪个系统在数据集成过程中采取主动措施，即发送系统还是接收系统（见图 9.7）。当客户端主动从服务端拉取数据时，这意味着客户端正在检索数据。反之，当数据从服务端被推出时，这意味着服务端正在将数据放入或推入客户端。基本上，如果您正在从数据库中获取数据，则为拉取。

如果您要将信息放入数据库，则为推送。

让我们以 Expedia 等 OTA（在线旅行社）的场景为例介绍拉取式和推送式集成。在拉取式集成中，用户在 Expedia 上选择某家酒店在特定日期的某个房间类别。Expedia（代表用户）向提供者（即酒店）发送信息请求（日期、房型、价格等），并实时拉取酒店房间的可用情况。相反，在推送式集成中，提供者（即酒店）主动采取措施向 OTA 发送有关其数据库更改的相关数据，例如某个房间在特定日期不再可用。此类数据不仅会传输到 Expedia 中，还会传输到其他 OTA 平台上，如 Booking. com、VRBO、Airbnb 等。总结一下：对于大量数据负载系统来说，推送式集成更加适用；而对于特定的低容量数据记录系统，拉取式集成更适用。

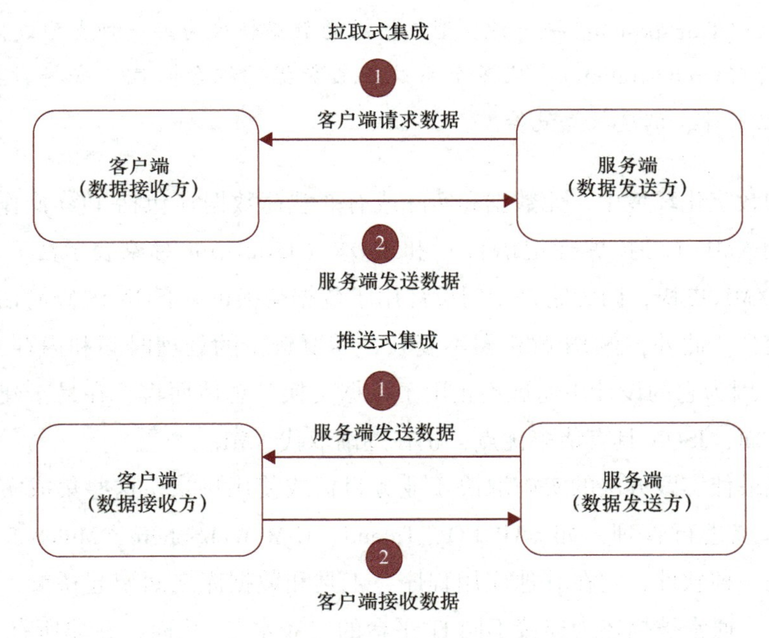

图 9.7　拉取式集成和推送式集成

2. 要集成的数据量

如今，企业需要集成许多来自异构设备和平台的大量数据，包括移动设备、区块链系统、物联网传感器等。这些不同格式的数据需要集成为统一格式，以更好地描述业务。将来自不同来源的数据统一到单个视图中，不仅可以提供更好的运营和合规性，还可以创建一个平台，为业务提供更完整、及时和准确的分析洞察。

3. 需要集成的系统数量

系统集成是将各种 IT 系统在功能上连接起来作为一个协调一致的整体。在系统或数据集成中面临的挑战包括需要集成的系统数量、不愿意与其他方共享数据、缺乏清晰的沟通准则、对功能定位存在分歧、高昂的集成成本、API 标准等。

4. TTO 的能力

如前所述，数据集成涉及三个主要的能力，即“TTO”：

- 传输（Transfer）：将数据从一个系统传输到另一个系统。
- 转换（Transpose）：将一种类型或格式的数据转换为另一种类型或格式。
- 编排（Orchestration）：从多个系统汇集数据、组合它们、安排数据流、提供资源、调度数据流等。

在当今的数字化环境中，元数据和实际或有效载荷数据（包括 TTO 操作中涉及的数据）通常采用 XML（可扩展标记语言）和 JSON（JavaScript 对象表示法）格式进行采集。JSON 比 XML 更快，因为它是专门设计用于数据交换的。JSON 编码简洁，传输上需要的字节也较少。此外，JSON 解析器不复杂，需要较少的处理时间和内存开销。相反，XML 比较慢，因为它的设计用途远不止用于数据交换。总体而言，在易于建模或直接映射到域对象方面，JSON 具有诸多优点，正在逐渐取代 XML。

数据集成最佳实践方法的实施取决于业务目标或使用场景。这些集成实践通常都是使用中间件系统进行管理，如 SAP PO、Talend、IBM WebSphere、MuleSoft、Apace MQ 等。中间件是一种软件，它在其他应用程序、工具和数据库之间架起桥梁，以向用户提供统一的服务。通常被描述为连接不同 IT 平台的“胶水”。然而，并非所有 IT 系统都能与中间件兼容，组织需要一个熟练的开发人员来管理中间件，这可能会增加运营成本。虽然中间件是可选系统，但它可以成为进一步增强 TTO 能力价值的系统，提供许多故障排除功能，并减少数据集成的复杂性。

9.4.1 应用程序编程接口（API）

客户端可利用 API 函数或例程从服务器中提取数据。API 调用中的请求响应功能基于同步通信。这意味着参与数据集成中的数据发送和接收系统必须在进行API调用时可用。API适用于当客户端从服务器中提取数据，需要立即消费数据（尤其是交易数据）的集成情况。

此外，API更像产品而不是软件代码。它们专为特定受众（开发人员）设计，并针对安全、性能和规模进行文档化和版本控制。虽然有多种API架构，但三种常见类型是：

（1）REST API架构。REST（表征状态转移）是一组轻量级、可扩展的指南，可用于交换结构化和非结构化数据（如图像和文档）的API。因为它们使用Web URL快速、简便且安全地传输数据，现在大多数Web应用程序API都建立在REST架构上。此外REST API是“无状态”的，这意味着在请求和响应之间不存储任何数据或状态信息。

（2）SOAP API架构：SOAP（简单对象访问协议）是一种更严格的协议，具有已定义的元数据格式，并被认为比REST API架构更安全。在与内部IT系统，即防火墙内的系统集成时，推荐使用该架构。

（3）RPC架构。这是一个使用XML或JSON编写的数据集成API协议。虽然RPC API简单易实现，但与REST或SOAP API相比不够安全。通常情况下，基于RPC的API由于其有限的数据类型支持和有限的安全性而不适合企业级API集成。

实际上，对于企业来说，主要有两种API架构可供选择：REST和SOAP。表9.1列出了这两种API格式的显著特点。

表9.1　REST和SOAP的特点

REST	SOAP
适用于XML、JSON、HTTP和纯文本；使用JSON进行解析比使用XML进行解析更快	SOAP通过依赖XML模式和其他规则来实施其数据有效载荷的结构，从而与XML协同工作
拥有宽松灵活的指导方针，安全性适中；适用于外部和合作伙伴应用程序集成	具有高安全性的和严格、明确的指导方针；适用于内部应用程序集成（在防火墙内）
适用于结构化和非结构化数据	与流程（操作）配合良好
REST速度很快，因为它使用的带宽很低，而且具有很高的可扩展性；适用于电子商务网站等实时应用程序	速度较慢，因为它使用了更多的带宽，可扩展性有限；适用于ERP等离散流程应用程序

总的来说，API格式的选择（REST或SOAP），取决于交换信息的复杂程度、所需

数据安全级别和数据交换速度。此外，在数据最小化方面，API 可以根据需要获取数据。然而，要使 API 正常工作，需要良好的网络连接和系统可用性。随着光纤和 5G 技术的不断进步，以及低成本下实现 TB 级数据近乎光速传输的能力，API 成为数据集成中可以实现高质量数据的有力选择。

9.4.2 数据虚拟化（DV）

数据虚拟化（DV）通过创建一个逻辑数据层，将不同 OLTP 系统之间的数据集成到一个统一视图中。这种模式通常被称为虚拟数据仓库。数据虚拟化基于 API，允许应用程序检索数据，而不需要掌握有关数据的技术细节，例如，数据在源系统的格式或物理位置等。通常，当公司中没有像数据仓库（DWH）这样的企业级规范数据库时，因为不需要从源 OLTP 系统中移动或复制数据，数据虚拟化是分析报告的理想选择。

9.4.3 提取、转换和加载（ETL）

ETL 的过程通过将来自各种源系统的数据以批量的方式定期推送、汇聚到企业数据仓库或任何其他统一数据存储库中。基本上，ETL 是从不同的源系统中提取数据，将数据转换为可查询格式，并将该数据加载到目标系统中，以便用户访问并获取洞察。在将数据加载到不同存储库之前，虽然 ETL 解决方案通过执行数据清理来改善数据质量，但这个过程非常耗时。因此，ETL 适用于将更新频率较低的数据集成到规范的目标系统中。ETL 的过程如图 9.8 所示。

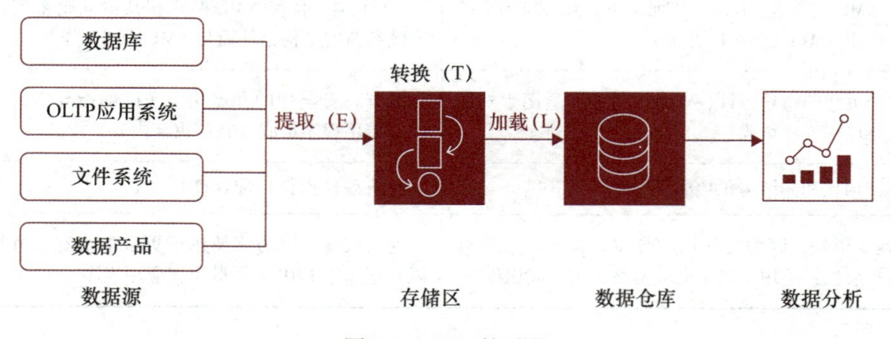

图 9.8　ETL 的过程

一个简单的 ETL 的示例是从美国、加拿大和英国的各种销售应用程序中，提取给定的客户账户 6 个月内的销售订单列表，将货币转换为美元，将计量单位转换为“米”，并将转换后的数据加载到数据仓库中，以便后续使用适当的工具进一步分析。

9.4.4 企业应用集成（EAI）

企业应用集成（Enterprise Application Integration，EAI）是数据的复制或同步。它将数据从一个数据库推送到另一个数据库中，并确保所有用户在所有系统中共享相同的数据，特别是交易系统。在通常情况下，交易系统之间的数据集成使用 EAI 进行处理，而在交易系统与数据仓库之间的数据集成使用 ETL 进行处理。EAI 的过程中处理的数据量比 ETL 的过程中处理的数据量要小得多，因为它聚焦于数据交换流程或应用程序，而 ETL 则聚焦于决策支持所需的数据。例如，当您致电保险提供商，告知他们您已更改地址时，客户服务人员可能会在 CRM 系统上更新您的地址，但该地址也会在公司其他 IT 系统中同步更新。

9.4.5 基于消息的集成

基于消息的数据传输，也称为消息队列，是指将源系统中相关数据分组为消息，并在固定时间间隔内将数据推送到其他系统中。这些消息基于 EDIFACT（行政、商业和运输电子数据交换）和 ANSI（美国国家标准学会）X12 等标准。基于消息的数据传输类似于电话呼叫，如果您给某人打电话而他们没有接听，您就会留言给他们。同理，在基于消息的集成中，一个系统向另一个系统发送数据，即使接收方系统不能立即接收到数据，数据也不会丢失。有效载荷数据将被继续保存在数据源、中间件或是目标系统中。

9.4.6 企业服务总线（ESB）

企业服务总线（Enterprise Service Bus，ESB）将数据分发到需要相同数据的不同交易系统中。ESB 充当 IT 系统之间“电话交换机”的角色。ESB 体系结构的核心概念是将不同的应用程序与通信总线集成，使每个应用程序都能与总线进行通信。这使交易系统之间相互解耦，使它们能够在不依赖或不了解总线上其他系统的情况下进行通信。将应用程序彼此解耦的总线概念通常是使用消息服务器实现的，并且在总线上传输的数据是采用诸如 XML 等规范格式。这种通用消息格式就像系统协作的契约一样；因为总线上的消息格式是一致的，只要遵循此数据格式，总线上的每个应用程序都可以相互通信。图 9.9 所示为 ESB 的流程。

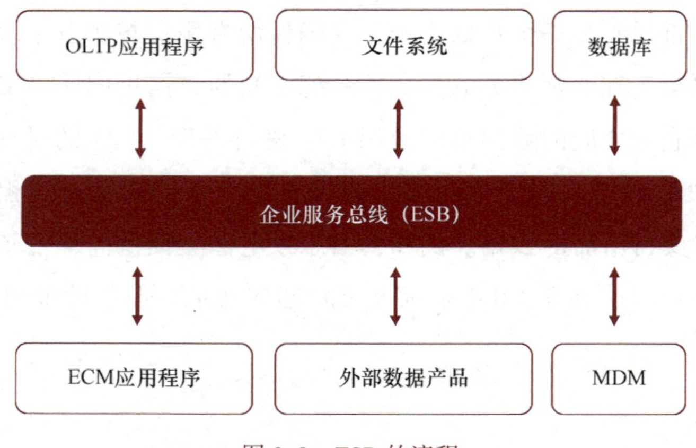

图 9.9　ESB 的流程

例如，假设在某个零售企业中，有两个不同的计费系统需要连接并获取最新的客户主数据。基于 ESB 的集成可以使这两个计费系统通过 ESB 层进行通信。

9.4.7　流式数据集成（SDI）

流式传输用于描述连续的数据流，这些数据流可以在不需要下载的情况下被利用或操作。这种集成模式特别适用于时间序列或遥测数据。批量数据处理方法需要在处理或分析数据之前先下载数据，而流式数据允许同步处理数据。从这个角度来说，流式数据集成（Stream Data Integration，SDI）指的是使用数据管道集成数据，以近乎实时地分析数据。数据管道通常与时间序列或连续数据的实时数据流相关联。近年来，随着移动设备、物联网设备、社交媒体等大数据中心数据源的增加，流式数据集成的需求日益增加，而这些数据源在十年前并不存在。

9.4.8 机器人流程自动化（RPA）

机器人流程自动化（Robotic Process Automation，RPA）是一种业务流程自动化的形式，允许任何人为机器人定义一组指令，供机器人或自动化程序执行。RPA 工具（如 Blue Prism、Nintex 和 UiPath）旨在通过业务逻辑和结构化数据输入的管理，实现业务流程的自动化。RPA 可以应用于大多数行业，尤其是那些包括重复任务（如批准索赔、对账、处理发票和付款等）的行业。RPA 涉及推送和拉取数据集成技术的组合。虽然 RPA 可以通过自动化单调的、重复性的业务流程，来简化业务运营并降低成本，但它也可以被视为 ML 和 AI 路线图的一部分，可执行通常需要人工智能才能完成的任务。

从技术角度来看，数据集成完全可以通过 API 完成。但这并不意味着 API 总是最好的选择。因此，这八种集成选项都基于相应的应用场景而设计。虽然像有效载荷处理失败、网络不可用等技术问题相对容易解决，但数据完整性方面仍存在重大难题。即使使用了最佳的集成方法，在集成过程中仍然可能会出现故障情况。这就是必须将数据血缘追溯能力构建到数据集成方法中的原因，数据血缘在第 5 章中有详细介绍。

另外，只要使用了 BP7 中讨论的四种主数据管理模式之一，并在主数据管理系统中创建了参考数据和主数据，就需要将它们集成到业务交易或活动中，以确保在销售订单、发货和发票等过程中使用高质量的客户主数据或产品主数据。因此，还需要将参考数据和主数据元素与 ERP、CRM、PLM 等交易性系统进行对接。

9.5 BP 10：分发数据来源与洞察消费

这个最佳实践涉及两个主要领域：数据来源和数据消费。让我们首先从数据来源开始讨论。

正如本书中多次提到的那样，业务中的数据有三个主要目的：运营、合规和决策。运营和合规活动是明确定义的且确定性强，而用于分析的数据则基于假设，数据需求是模糊的。因此，如果目标是为运营和合规提供高质量的数据，那么重点应该放在使用主数据管理系统管理参考数据和主数据上，并将主数据管理系统中的参考数据和主数据集成到核心业务系统中。然而，如果目标是为分析和决策提供高质量数据，则应重点管理交易数据，并结合语义层使用数据仓库（或任何统一的数据存储库）。换句话说，根据业务需求选择适当的系统。

虽然锤子可以用来切苹果，但它更适合钉钉子，而刀子则更适合用来切苹果。同样地，主数据管理最适合在ERP和CRM系统中管理参考数据和主数据的运营和合规，而语义层最适合从数据仓库中推导出交易数据的洞察。

基本上，主数据管理系统可以作为关键数据元素的记录系统（SoR）用于运营和合规，而语义层可以成为数据分析的SoR。总体而言，选择主数据管理系统或语义层，取决于使用目标和场景。虽然锤子可以用来切苹果，但是锤子最适合钉钉子，而刀子更适合切苹果。主数据管理系统最适合用于在需要一致性数据的ERP和CRM系统中进行运营管理，而语义层最适合从数据仓库中获得洞察力。

那么语义层如何帮助实现高质量的数据分析呢？如前所述，语义层是数据的业务表示形式，可帮助用户使用常见业务术语访问数据。语义层将数据映射到熟悉的业务术语中，为组织提供统一的综合数据视图。例如，市场部称一个业务实体为潜在客户，销售可能称此业务实体为客户，而财务部将同一业务实体称为交易对手方。因此，为了解决这个数据质量问题，需要该业务实体明确一个术语定义，并且可以通过主数据管理系统和语义层把术语映射到各个不同的来源中。因为需要满足长期的运营和合规要求，所以使用主数据管理来解决这个数据质量问题需要花费大量的时间和精力。此外，由于利益相关者的需求或视角不同，更改历史记录也会在业务中造成很多混乱。使用语义层可以快速映射来自不同来源的数据定义，创建仅用于分析的统一和单一的数据视图。此外，数据洞察通常是短期需求，需要敏捷性和灵活性。总体而言，语义层管理各种数据属性之间的关系，通过创建简单统一的业务视图，用于快速、经济高效地查询和导出见解。这种关系如图9.10所示。

从技术上讲，语义层平台将分析消费平台与数据平台连接起来，也就是通过数据仓库中的事实表（数据值）、维度表（数据属性）和层次结构（即分类法）或任何其他规范化的数据平台（如数据湖、数据集市或数据湖仓）连接起来。数据消费或分析工具可以是

Power BI、Tableau、Python、Business Objects、Looker、Jupyter Notebook 甚至 Microsoft Excel。业务用户的查询可能是 SQL（SQL 是一种用于存储、查询和操作数据库中的数据的查询语言）、DAX（Data Analysis Expression，是一种用于构建公式和表达式的语言）、MDX（MDX 或多维表达式是 OLAP 立方体中多维度数据的查询语言）等，并使用特定于工具的本地协议，如 XMLA、JDBC，ODBC、SOAP 和 REST 接口。语义层平台通过抽象数据的物理结构和位置，采用统一且安全的接口，使存储在数据仓库和数据湖中的数据能够让业务用户访问。总的来说，语义层只是一个元数据层，它不包含任何数据。语义层包含有关数据源中对象的信息，并在查询中映射到真实的数据源对象。

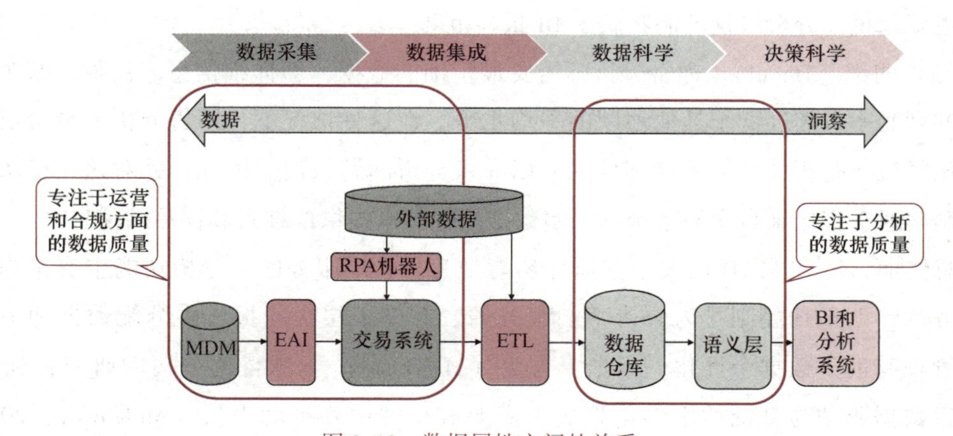

图 9.10　数据属性之间的关系

尽管已经讨论了运营、合规和分析的数据来源，但对于数据的有效消费，尤其是分析报告或洞察，该如何处理呢？通常情况下，并非所有来自数据分析的洞察都需要从数据仓库、OLAP 立方体（一种以多维格式存储数据的数据结构）和语义层中派生出来。由于企业管理数据质量的时间和资源有限，从 IT 系统方面来看，消费洞察可以划分为三种类型的报告或来源。

（1）OLTP 报表直接来自 OLTP 应用程序或数据库，用于提供细粒度的数据和洞察。

（2）OLAP 或分析报表用于聚合数据和洞察，包括预测性和规范性分析。尽管最近几年的数据分析趋势是从 OLAP 多维数据集转向直接在 OLTP 应用程序或数据库上运行分析工作负载，但 OLAP 多维数据集仍在许多传统的 BI 和分析系统中继续使用。

（3）用于展示 KPI 的仪表板，其中的数据通常来自 OLTP 应用程序或数据库。

这种将消费洞察划分为三种报告类型的策略是基于 MAD 框架设计的。数据仓库研究所（TDWI）提出的 MAD 框架，是提供洞察力的最佳方式。MAD 框架由三层消费洞察组成，每层都有目标受众、洞察类型和预期结果（Southkal，2020）。

（1）监控（Monitor）。监控级别的洞察主要满足 C 级管理人员的信息需求。业务仪表板与汽车的仪表板并没有太大区别。它可以通过视觉方式快速传达所需信息或关键绩效指标的快照。

（2）分析（Analysis）。分析级别的洞察提供了深入了解问题并服务于中间管理层的洞察需求能力。例如，在使用销售报告时，可以分析有关销售经理、产品、商店、客户等方面的详细信息。此类别中的数据和洞察通常以聚合和多维级别的图表和 KPI 形式呈现，也就是说，分析级别的洞察属于 BI 报告范畴。

（3）明细（Detail）。通常分析师需要最精细的数据，即详细信息。例如，某个销售区域的利润率可能远低于其他地区的平均水平。在这种情况下，销售分析人员可能希望查看该区域所有相关交易的详细信息，以深入分析问题根源。因此，针对这一层级的需求，洞察通常直接来自交易系统的原始数据报告，以提供最细致和详尽的信息。

总体而言，在 MAD 框架中，监控功能是为高管层服务的，分析功能主要是为经理层服务的，明细功能则是为分析师们服务的。在三个层次的报告中分配数据和消费洞察的管理有助于数据个性化。根据麦肯锡（McKinsey）全球咨询公司的研究，到 2024 年，以数据驱动为基础的个性化将成为商业成功的主要推动力量（McKinsey，2019）。在 OLTP 中，数据和报告是以最精细的方式专门为用户及其角色创建的。而在 BI 中，则会创建高度格式化的报告并分发给各个部门或组织，以解决 KPI 问题。MAD 框架如图 9.11 所示。

表 9.2 列出了 MAD 框架中用户类型和洞察报告类型之间的对应关系。

表 9.2　用户类型和洞察报告类型对照表

洞察类型报告	监　控	分　析	明　细
描述性分析-OLTP 报告		经理层	分析师
描述性分析-BI 报告		经理层	分析师
预测性分析	高管层和经理层	经理层	
规范性分析	高管层和经理层	经理层	
仪表板	高管层和经理层	经理层	

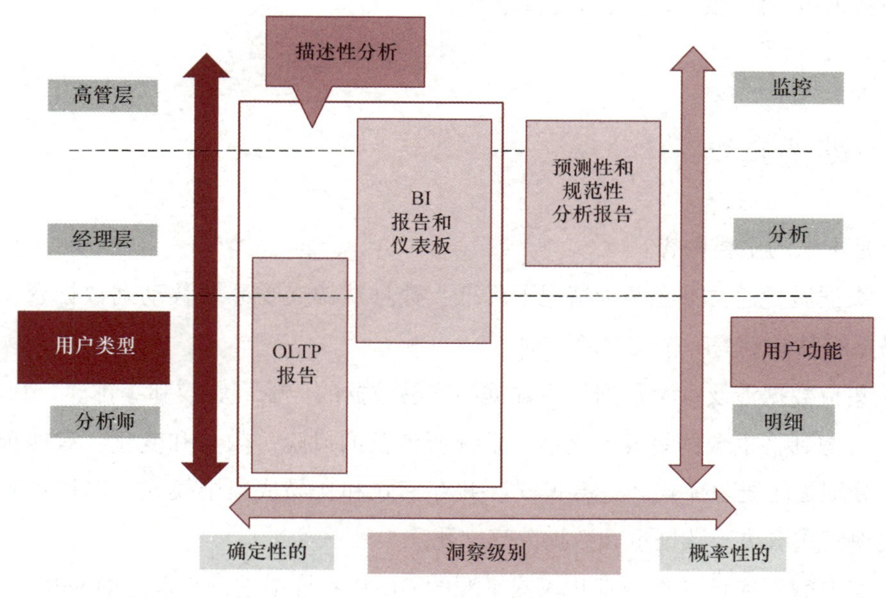

图 9.11　MAD 框架

如今，许多公司正在从数据仓库中获取报表以满足监管要求。在最初采集数据的过程中，进行定期的合规性检查总是明智的做法，而最适合执行此任务的系统就是 SoR OLTP。从数据仓库生成监管报表的方式存在一定的弊端和风险，因为：

（1）数据仓库中的数据完整性与源系统无法相比。监管机构需要最权威的数据来源，而这些数据可在源系统（即 SoR）中找到。当数据从源交易系统移动到数据仓库时，由于数据在数据传输、转换和编排的操作过程中发生变化，数据质量往往会退化。

（2）数据仓库中的数据及时性不高。将来自各种数据源或交易系统的数据集成到数据仓库需要时间。如果信息不及时，则可能导致数据访问和决策的延迟，特别是在监管事务方面。这可能给组织带来时间、金钱和声誉上的损失。

（3）与源系统相比，数据仓库的安全性较低。在一般的组织中，与 SoR 交易系统相比，数据仓库中的身份验证和授权过程（如基于角色的访问控制）没有那么严格。这会导致存在未经授权使用敏感数据的风险。

（4）在 SoR OLTP 中执行数据质量管理效果最佳。换句话说，当数据质量在数据生命周期的早期得到管理时，数据治理才能发挥最大效果。在数据生命周期的早期实施数据治理，可以帮助组织提前制订计划，从而允许更快地采取行动，节省宝贵的时间和成本，避免数据质量问题的复杂化和迅速恶化。

9.6 关键要点

以下是本章的主要内容：

（1）数据质量通常会在两种情况下降低：数据从源交易系统移动到数据仓库时；从一个交易系统移动到另一个交易系统时。

（2）集成数据涉及参考数据、主数据和交易数据的传输、转换和编排。

（3）考虑到将主数据集成到交易性系统所涉及的风险、数量和变化，有四种关键架构模式，分别是注册表模式、整合模式、共存模式和交易或集中模式。选择正确的主数据管理实现模式取决于数据量和数据分享文化。

（4）交易数据应该在作为真相权威来源的 OLTP 系统中进行管理，即 SoR。

（5）将参考数据和主数据与 SoR 以及其他交易系统中的交易数据整合起来，最佳实践要考虑四个关键因素：

- 拉取式和推送式集成方法的选择基于发送方（服务端）还是接收方（客户端）谁在数据集成过程中采取措施。
- 要集成的数据量。
- 需要集成的系统数量。
- TTO 的能力。

（6）由于企业管理数据质量的时间和资源有限，因此可以基于 MAD 框架将洞察数据消费划分为三种类型的报告：

- OLTP 报告用于细粒度数据和洞察。
- OLAP 或分析报告用于聚合数据和洞察，包括预测性和规范性分析。
- KPI 仪表板。在 MAD 框架中，监视洞察主要为高管层服务，分析洞察主要为经理层服务，详细洞察则为分析师服务。

（7）表 9.3 总结了最后四个数据质量最佳实践（BPs）。

表 9.3 最后四个数据质量最佳实践总结

BP 的名字	理　论	关 键 活 动
7. 合理化和自动化关键数据元素的集成	企业范围内使用的参考数据和主数据元素及其各自的数据属性需要共享，以便企业引用单一真相的版本	根据以下内容选择适当的 MDM 实现模式来集成关键数据元素： 数据量 企业中的数据共享文化 所需的数据质量水平 实现 SVOT 所需的努力，即黄金记录
8. 定义 SoR 并在 SoR/OLTP 系统中安全地采集交易数据	仅仅在 MDM 系统中创建 CDE 几乎没有业务价值，除非它们被用于交易事务中。因此，应向 OLTP 系统及时提供 CDE，以管理业务事务	1. 在适用的情况下部署 ADC 技术进行数据采集 2. 将 SoR OLTP 定义为权威数据源，尤其针对核心业务流程交易 3. 使用身份验证、授权和保密机制保护 SoR 事务系统
9. 构建和管理强大的数据集成能力	企业数据以不同的格式分布在各种 MDM 和 OLTP 系统中。来自不同系统的数据元素需要基于稳健的数据集成最佳实践进行集成，以形成统一的视图	根据四个关键因素，从八种数据集成方法或技术中选择一种： 1. 拉取式与推送式集成方法的选择 2. 要集成的数据量 3. 需要集成的系统数量 4. TTO 的能力
10. 分发数据来源与洞察消费	业务数据有三个主要目的：运营、合规和决策。数据来源和消费应基于数据的目的	1. 对于操作和合规性需求，管理 MDM 中的 CDE；对于分析需求，管理数据仓库和语义层中的数据 2. 对于数据的有效消费，特别是分析报告或洞察，基于 MAD 框架的消费可以分为三种类型的来源： 1. 用于细粒度数据和洞察的 OLTP 报告 2. 用于聚合数据和洞察的 OLAP 或分析报告，包括预测性和规范性分析 3. KPI 仪表板

9.7 结论

数据集成是将来自不同系统和其他来源的数据进行组合，为业务提供统一的数据视图的过程。现今，平均每家公司部署了 464 个定制的应用程序，而且每年还将部署 37 个新应用程序（MacAfee，2017）。由于庞大的应用程序环境所致的数据孤岛，阻碍了业务绩效的发挥。建立基于有效最佳实践的数据集成解决方案，可以支持人工智能和分析解决方案，从而帮助企业开拓新的收入来源，节省开支并降低风险。总的来说，这里讨论的数据集成最佳实践并非独立的产品，而是涉及技术、数据、流程及变革管理等多个方面的综合实践。这是一个持续演进的过程，通过将各种数据源结合在一起，可以产生更好的业务效果。

参考文献

AER. (September 2015). News release. https://static.aer.ca/prd/documents/news-releases/AERNR2015-15.pdf.

Agarwal, A. (March 2016). How to create a billion-dollar SaaS company: build a "system of record." https://venturebeat.com/2016/03/19/how-to-create-a-billion-dollar-saas-company-build-a-system-of-record/.

Barchard, K. (2009). Double entry: accurate results from accurate data. http://barchard.faculty.unlv.edu/doubleentry/Double%20Entry%20APS%202009%20handout.pdf?origin=publication_detail.

Lonnon, M. (March 2018). 4 common master data management implementation styles. https://www.stibosystems.com/blog/4-common-master-data-management-implementation-styles.

MacAfee. (April 2017). Every company is a software company. https://www.mcafee.com/blogs/enterprise/cloud-security/every-company-is-a-software-company-today/.

McKinsey. (January 2019). The future of personalization – and how to get ready for it. https://www.mckinsey.com/business-functions/marketing-and-sales/our-insights/the-future-of-personalization-and-how-to-get-ready-for-it.

Mixon, E. (April 2022). What is enterprise content management? Guide to ECM. https://www.techtarget.com/searchcontentmanagement/definition/enterprise-content-management-ECM.

Redman, T. (February 2020). To improve data quality, start at the source. *Harvard Business Review.*

Southekal, P. (April 2017). *Data for business performance*. Technics Publications.

Southekal, P. (April 2020). *Analytics best practices*. Technics Publications.

4

第4篇

持续阶段

10

第10章 数据治理

10.1 引言

在前几章中我们介绍了 DARS 框架的前三个阶段——定义、评估和实现，着重强调了数据对提高业务绩效的重要性。我们还分析了数据质量目前较差的状况，并提出了改进或实现数据质量的措施，包括关键的最佳实践。一旦实施这些数据质量最佳实践，就需要控制或管理这些措施，以确保数据质量得到持续改进。DARS 模型的第四阶段是持续阶段，它的目的在于采取措施支持和维持数据质量工作，以确保其达到最佳效果。虽然有许多实践可以持续改进数据质量，但实施有效的数据治理是企业提高和持续改进数据质量的一项重要的解决方案。在第 1 章中，我们讨论了通过数据管理和数据治理协同工作来提高企业数据质量的方法。前几章主要是关于数据管理的，本章将更深入地探讨数据治理在数据质量中的作用。

什么是数据治理？根据 Gartner 的说法，数据治理是“明确决策权和问责框架，以确保在数据及分析的评估、创造、使用和控制过程中采取适当的行动”（Gartner，2022a）。那么，为什么需要数据治理？数据治理的价值是什么？数据治理的主要目的是在从采集到消费的整个数据生命周期（DLC）中安全地管理数据质量，确保正确的人以正确的方式管理正确的数据。总的来说，数据治理的目标是建立标准化的方法、职责和流程来集成、保护、存储和处置业务数据。

数据治理需要在整个数据生命周期中系统地实施，覆盖所有的数据源和数据流，有效的数据治理可以为企业带来以下重要价值：

（1）提高数据素养。数据治理为数据提供了一致的通用术语。让流程更加清晰，并使组织变得更加敏捷和可扩展。

（2）改善数据质量。数据治理确保正确处理第 3 章中讨论过的 12 个关键数据质量维度，如准确性、完整性、一致性等。

（3）更好地遵守法规。通过遵守《通用数据保护条例》（GDPR）、《萨班斯-奥克斯利法案》（SOX）、美国《健康保险可携性和责任法案》（HIPAA）以及行业标准，如 PCI DSS（支付卡行业数据安全标准）等，实现对数据的保护。

（4）改进数据管理。数据治理带来了一个日益高度自动化、模型驱动和以数据为中心的世界。在这个世界中，数据被视为业务价值的来源。数据管理强制执行数据管理领域的最佳实践，确保解决企业的担忧和需求，实现高质量的业务数据。

最终，数据治理带来的所有这些好处都会改善运营、合规和决策过程。这反过来可以为企业带来收入增加、成本降低和风险降低等好处。然而，实施数据治理解决方案也带来了许多挑战。图 10.1 列出了实现数据治理的一些重要障碍（Gartner，2022b）。

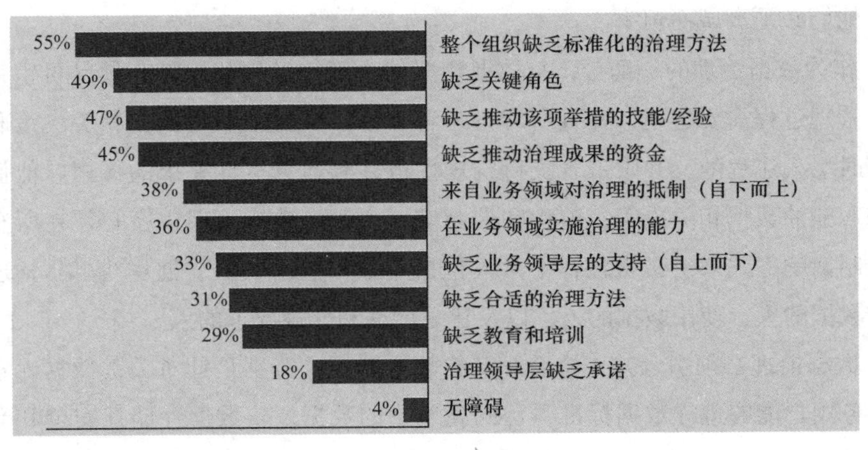

图 10.1 实现数据治理目标的障碍

在这方面，成功的 AI 模型需要良好设计的模型或算法与高质量数据的组合。然而，人们经常将太多时间花在改进模型或算法上，而忽视了数据，这并不是最佳实践。研究表明，仅有 1%的 AI 研究涉及数据。全球公认的人工智能领袖吴恩达（Andrew Ng）认为，以数据为中心的方法会产生性能更好的 AI 解决方案。表 10.1 显示了采用以模型为中心的方法与以数据为中心的方法相比精度提高的情况（Ng，2022）。

表 10.1　改进算法与数据对模型性能的影响

检测项目	钢材缺陷检测	太阳能电池板	表面检测
基线	76.2%	75.68%	85.05%
以模型为中心	+0%（76.2%）	+0.04%（75.72%）	+0.00%（85.05%）
以数据为中心	+16.9%（93.1%）	+3.06%（78.74%）	+0.4%（85.45%）

10.2　数据治理原则

为了实现上述收益，需要设计一个有效的数据治理方案。以下是数据治理的七个关键原则：

（1）数据治理建立在信任和透明度之上。数据治理和数据管理过程中的所有利益相关者在相互来往中必须诚实有信。在讨论数据相关决策的驱动因素、限制因素、选项和影响时，他们必须真诚而坦率。

（2）作为数据治理的一部分，与数据相关的决策、过程和控制必须是可审计的。数据治理和管理过程需要透明，并且所有参与者和审计员必须清楚数据相关决策和控制是如何、何时引入流程的，并附带着支持合规性审计和运营审计要求的文档。他们必须定义谁对跨职能的数据相关决策、流程和控制措施负责。数据治理程序必须在所有干系人之间引入制衡的方式来定义责任，干系人包括业务和技术团队、创建/收集/整理数据的人、管理数据的人、使用数据的人，以及建立标准和合规要求的人。

（3）数据治理必须引入并支持企业级的数据标准，特别是针对关键数据元素。目的是确保业务用户能够遵守数据标准，访问高质量的数据，将数据存储在安全和受管理的地方。此外，数据治理解决方案必须支持参考数据、主数据和元数据的主动和被动的变更管理活动。

（4）数据治理必须定期在整个数据生命周期（DLC）中执行，特别是在 DLC 早期阶段，即数据管理和数据集成阶段。DLC 早期阶段的数据治理提供了“1-10-100”规则的业务价值（即用 1 美元的预防成本节省 10 美元的评估成本和 100 美元的故障成本）。第 6 章详细讨论了这一规则。

（5）数据治理的核心在于利用数据来提高业务生产力。它的关键是在明确的使用案例中实现数据保护和数据民主化的平衡。数据民主化是指无论技术专长如何，让组织中的每个人都能够使用数据。数据民主化旨在确保组织中的每个人都能在需要时访问数据，以支持更好的决策制定和业务创新。数据保护的内容将在第 11 章重点介绍。

（6）数据治理的方法不是“一刀切”的。采用“一刀切”的数据治理方法是有缺陷的，因为每个企业及其需求都是不同的。因此，数据治理应根据经过验证的最佳实践进行调整，以适应组织的个性化需求。

（7）根本原因分析（RCA）是实现长期和可持续数据质量解决方案的关键。RCA 的工作原理是通过消除根本原因而不是处理表面症状来有效解决问题。在第 4 章中详细论述了 RCA。

10.3 数据治理设计组件

基于前面讨论的七个数据治理原则，数据治理程序的设计涉及三个关键问题或元素。这三个元素或问题的组合从根本上来说就是数据治理框架。

- 需要治理哪些数据对象？
- 如何治理数据？
- 需要哪些组织机制来治理数据？

10.3.1 需要治理的数据对象

让我们从数据治理设计中的第一个元素开始——需要治理哪些数据对象？考虑到企业中有各种类型和重要程度不同的数据，数据对象的选择应基于业务价值。在第 3 章中，我们讨论了企业中的三种类型的数据资产：

- 与业务类别相关的参考数据，如设备类型、客户账户分组、付款条件、位置等。
- 业务实体的主数据，如客户、供应商、产品、代理人、总账科目等。
- 与业务事件相关联的交易数据，如订单、价格、发票和索赔等。

需要管理的数据类型主要取决于公司当前的业务需求，而要使数据治理能够有效发挥作用，企业需要注意以下几点：

- 在数据生命周期早期阶段开展治理行动，特别是在进行数据采集和数据集成时。
- 在创建诸如采购订单、销售订单和发票等业务交易时，在企业范围内共享和重用参考数据和主数据对象。

数据治理不是一次性的行为。如果业务需要高质量的数据，则需要在整个数据生命周期中进行数据治理，特别是对关键数据元素（CDE）进行治理。

从根本上说，如果需要高质量数据，那么数据治理实践应该重点关注参考数据和主数据，即数据生命周期（DLC）初始阶段的关键数据元素（CDE）。图 10.2 显示了对于以数据治理为重点的企业，数据流图的简化示例显示了数据治理的实现方式。在 DLC 的早期阶段，实施数据治理活动是一个有效的解决方案。但通常情况下，数据分析团队在数据源团队没有参与的情况下，首先尝试修复数据仓库中的数据质量问题。仅在企业数据仓库（EDW）中进行修复问题，意味着其他前置业务流程无法使用修复后的数据，无法从中收益。因此，在数据生命周期的早期阶段，即在源系统中开展数据治理，使得运营、合规和决策等所有功能都能从中受益。

10.3.2 数据治理的机制

数据治理框架中的第二个方面是如何治理数据。这主要涉及制度、流程和程序（见

图 10.2）三个方面的建立。

（1）制度（Policy）是一项规则，帮助组织根据数据标准管理数据并降低风险。数据标准可以是内部或外部的标准，并使政策更有意义和效果。典型的数据标准包括：

- 命名标准，以逻辑和标准化方式命名数据对象的一组规则。
- 分类法，将数据分为类别和子类别。
- 本体论，数据对象与其他数据对象的关系。
- 数据建模标准和指南，用于描述概念、逻辑和物理数据模型。数据建模标准和指南强调需要什么数据以及应该如何组织数据，而不是对数据执行什么操作。

（2）流程（Process）是数据治理团队为实现特定目标而执行的一系列结构化的相关活动。这些流程可能涉及数据质量监控、数据交换、数据血缘跟踪、数据分析、法规遵从性验证、数据归档等。

（3）程序（Procedure）是用于完成流程内活动的一系列步骤或工作指令。例如，数据归档程序可以包括必须归档的数据、为每个数据对象分配存储计划等。

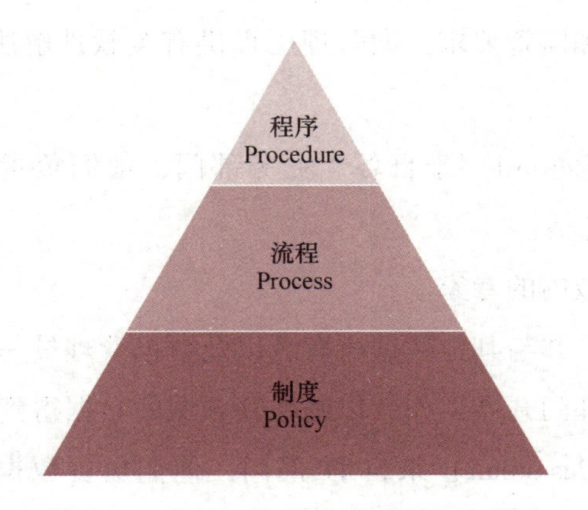

图 10.2 制度、流程和程序的层次结构

10.3.3 治理数据的组织机制

数据治理不仅仅涉及建立数据制度、流程和程序。在核心层面，数据治理是一项跨

职能和协作型的工作。因此，数据治理的第三个要素是建立治理数据的组织机制。基于格雷戈里·维亚尔（Gregory Vial）2020 年的研究，治理业务数据主要涉及结构性、程序性和关系性三种组织机制。

1. 结构性机制

结构性机制涉及创建数据治理角色的方式。这些角色负责制定数据制度、流程和程序。一个有效的数据治理计划通常包括一个指导委员会，该委员会由三个主要角色组成，即数据所有者、数据管理员和数据保管员。这三类角色共同制定了治理数据的政策、流程和程序，尤其是针对参考数据和主数据进行治理。

数据所有者（Data Owner）来自业务部门，他们对数据承担最终责任。他们决定数据访问、使用和共享的权限。数据所有者的主要职责包括：

（1）批准数据定义。

（2）确保企业数据质量的一致性。

（3）审查并批准主数据管理方法、结果和活动。

（4）与其他数据所有者合作解决数据问题及风险。

（5）对数据管理员发现的问题及风险进行复核。

（6）根据业务需求和监管要求，向管理层提供有关软件解决方案、政策或法规方面的意见。

数据管理员（Data Steward）来自各个业务部门，他们负责管理数据的内容和上下文。数据管理员的职责包括：

（1）成为其业务领域内的专家。

（2）识别数据问题，并与其他数据所有者以及数据管理员一起解决这些问题。

（3）跨职能和业务部门开展工作，以确保其领域的数据得到正确的管理和理解。

数据保管员（Data Custodian）来自 IT 部门，他们负责数据的安全采集、集成和存储。数据保管员的职责包括：

（1）根据数据级别维护实体和系统安全，为其管辖的数据设置适当的安全级别。

（2）遵守并执行组织适用的安全标准。制订备份和灾难恢复计划，以及其他数据安全实践，以防系统或设施受损、不可访问或遭破坏。

（3）根据管理员和数据所有者的授权管理数据访问。

（4）遵循数据管理员和数据所有者制定的数据处理和保护制度与流程。

（5）遵守所有适用于其所管辖数据的法规与政策。

图 10.3 显示了三个数据治理角色如何共同参与客户主数据治理。

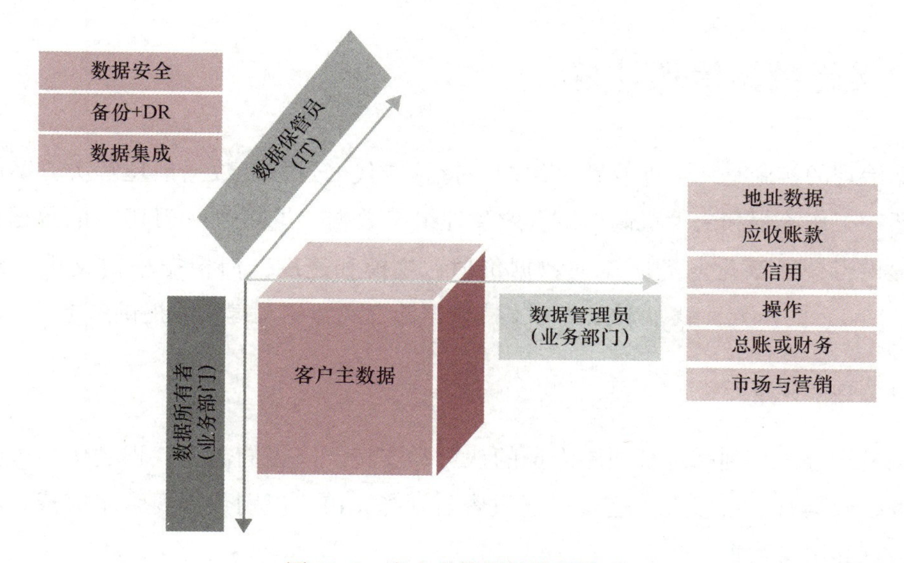

图 10.3 客户主数据的数据治理

2. 程序性机制

组织使用程序性机制来确保结构性机制得到遵循。这是数据所有者、数据管理员和数据保管员共同监控数据质量，并使用适当的数据剖析 KPI 的过程。数据剖析 KPI 在第 6 章中已经讨论过。具体而言，数据质量监控包括目标值、公差限制、控制限制和规格限制。目标是确保数据质量符合设定值，并向利益相关者传达 KPI，以采取纠正措施。

3. 关系性机制

关系性机制包括支持不同数据治理团队之间协作的关键活动。有效的数据治理需要数据所有者、数据管理员和数据保管员之间的合作，以改善企业数据质量。数据管理员和数据保管员在数据所有者的战略指导下负责开展数据质量工作，数据所有者对数据元素或对象的质量负责。

开展数据治理的三个组件，即数据对象、3P（政策、流程和程序）和组织机制，可以通过如 SAP、Informatica、IBM、Collibra、Alation 公司等提供的数据治理工具来实现。这些数据治理软件提供了合规性、增强的隐私和安全、数据分类等功能，同时使组织能够访问、整理、分类和共享其所管理的数据。

10.4 实施数据治理计划

数据治理的实施是一个涉及整个组织、持续迭代的过程。数据治理解决方案的实施包括框架、工作流程和决策机制，以有效管理组织数据。虽然“一刀切”的数据治理方法无法提供当今数字化业务所需的数据价值、规模和速度，但根据格雷戈里·维亚尔（Gregory Vial）的研究，就以下方面为支持数据治理实施的关键实践提供参考：

1. 从管理层开始

数据治理应该得到高级管理层人员的认可和支持，高管们需要认识到优质数据对于改善业务绩效具有战略意义。这可以通过查看业务 KPI、识别数据要素来完成，特别是关键主数据和参考数据。

2. 将数据治理与业务结果联系起来

强大的数据治理战略可以确保数据的一致性、可信度，并且业务用户可以在恰当的时间安全地访问正确的信息。虽然数据治理通常被视为控制组织内部数据访问的一种方式，作为法规和其他合规性要求的一部分，但数据治理还需要承担对创新和协作的支持。

3. 设计数据治理框架

数据治理框架包括：

（1）识别处于数据生命周期初始阶段的关键参考数据和主数据。

（2）数据访问和共享的 3P，即政策、流程和程序。

（3）数据所有者、数据管理员和数据保管员之间协作的结构性、程序性和关系性机制。

4. 利用数据目录

如第 8 章所述，数据目录是数据治理的重要组成部分，其中数据所有者、数据管理员、数据保管员，以及业务用户使用数据目录来了解企业中的数据资产位置，以实现有效的数据治理。有效的数据目录建立在整个数据生命周期中强大的元数据管理之上。

5. 执行治理实践

没有一种适合所有情况的方法来进行数据治理，实践方法可以采取中心化或去中心化两种方式。虽然中心化方式是一种更传统的方法，但它需要严格遵守规则和程序。另一方面，更民主或去中心化的方法可以将数据开放给更多的用户，并能够加快决策过程。选择中心化或去中心化的方法需要在控制与灵活性或速度之间取得最佳平衡。

例如，保险和金融服务公司通常在严格监管的环境中运营，这就要求采用中心化的方法。而零售和科技公司在监管较少的环境中运营，而且激烈的竞争要求进行全面的客户分析，可能会强调去中心化的方法。无论采用哪种方法，都需要与数据所有者、数据管理员和数据保管员等关键利益相关者协作，利用技术基础设施、工作流程、合规性、决策结构和报告机制来推动数据制度、流程和程序的实施。

6. 监控治理计划的效果

定期对数据治理政策进行评估，了解其对业务成果的影响，有助于根据组织成熟度、文化和风险偏好确定相关改进领域。数据目标通常被认为是数据治理解决方案的支柱。如前所述，数据目录是所有数据资产的有序清单，它可帮助识别数据资产、评估使用情况、提高数据质量、检查监管合规性等。

10.5 数据可观察性

传统的数据质量流程和工具通常假设数据是静态的，即数据处于静止状态，其重点是提高数据质量，但经常忽略了组织内部数据的流转过程。数据可观测性提供了端到端的数据生命周期的诊断能力，可以通过了解数据流的运转、识别数据瓶颈、防止数据程序停机、解决数据质量问题等，帮助组织全面了解数据管道的运行情况。从根本上说，数据可观察性通过预测、识别、确定优先级和解决数据质量问题来最大限度地减少数据停机时间所带来的损失。换句话说，数据可观察性是实现1-10-100数据质量规则的关键能力之一。

为什么减少管道中的数据停机时间很重要呢？如今，数据管道从各种交易系统（包括外部数据源）中接收数据，这些系统可能有或者可能没有 API，所有这些系统的数据模型都不同。这意味着需要转换、扩展和聚合所有不同格式的数据，从而使其可用于运营、合规性和分析等需求。这是一项极其复杂和关键的活动，涉及管理不同的数据格式、多个处理阶段、复杂的例行程序和业务规则等。这需要持续了解数据资产的依赖关系以及对数据质量的影响，可以提前识别和修复可能出现的问题，以防止数据停机。Gartner 估计，对于一个普通的企业，每小时的数据停机成本为 14 万~54 万美元（Lerner，2014）。

数据可观察性专家、蒙特卡洛数据公司联合创始人兼首席执行官巴尔·摩西（Barr Moses）表示，“数据可观察性是 DataOps 流程的一种能力，是指组织能够充分了解其系统中的数据健康状况，通过自动监控、警报和分类排查来消除数据停机时间”（Moses，2020）。数据可观察性的目标是识别和评估数据质量和可发现性问题，从而实现更健康的数据管道、更高效的团队和更满意的客户。在这方面，数据可观察性的五大支柱是：

（1）新鲜度：数据是否最新？数据是否存在时间断档导致数据未更新？

（2）分布：字段或属性级别的数据是否正常分布？数据是否在预期范围内？

（3）大小：数据收集量是否达到预期阈值？

（4）模式：数据管理系统的架构是否发生了变化？

（5）血缘：如果某些数据失效，上游和下游会受到什么影响？各个数据来源之间相互依赖性如何？

可以通过自动化工具实现对于“可观测性”的监控。例如 Monte Carlo Data、Cisco Appdynamics、Amazon CloudWatch、Acceldata 和 Collibra 等公司提供端到端的系统可视化，并主动识别潜在的数据质量问题。鉴于数据集成是数据质量问题的主要来源之一，数据可观测性使企业能够全面理解其数据状态，特别是可以对数据管道中的流动进行可视化监控。此外，数据可观测性还能够帮助团队理解管道中的数据流向，识别并消除数据障碍，并最终避免出现数据停机事件。

10.6 数据合规性——ISO 27001、SOC1 和 SOC2

与商业伙伴特别是外部企业合作时，遵守外部数据标准非常重要。从根本上讲，数据标准促进互操作性，并有助于在不同系统之间交换数据，从而确保改善数据质量。例如，EDIFACT 是国际电子数据交换标准（Electronic Data Interchange，EDI），旨在确保 EDI 结构适用于跨行业和国际间的交流。在数据合规领域中，有一些重要的行业数据标准，如 ISO 27001、SOC1 和 SOC2。鉴于如今几乎每家公司都在管理大量数据，包括 AWS（亚马逊网络服务）、Microsoft Azure、GCP（谷歌云平台）等云提供商在内的公司都在遵守这三大数据合规标准。

ISO 27001 提供了一个框架来帮助任何规模或行业的组织，通过提供涉及人员、流程和技术的制度、程序和其他控制来保护其数据。ISO 27001 为组织提供了保护其数据的必要专业知识，向其客户、合作伙伴和其他利益相关者表明，它是按照 ISMS（信息安全管理系统）中定义的成熟数据管理实践来保护数据的。基本上，ISO 27001 标准的重点是通过风险评估来识别数据可能发生的情况，以保护数据的机密性、完整性和可用性。然后通过实施 10 项管理体系条款和 114 项信息安全控制，来确定需要做些什么来防止此类问题的发生（即风险缓解或风险处理）（Kosutic，2022）。

经常与 ISO 27001 标准一起讨论的是审计员使用的另外两个数据合规标准 SOC1 和 SOC2。SOC1（服务组织控制 1）报告是有关审核组织财务报表的内部控制文件。SOC1 分为类型 1 和类型 2 报告。类型 1 报告涉及特定日期的控制适用性，而类型 2 报告则涉及在一段时间内控制有效性。如果公司在美国公开上市，则 SOC1 很重要，因为《萨班斯-奥克斯利法案》（SOX）合规性是 SOC1 的一部分。SOC1 还涵盖了另一个数据合规性标准的要求，即 SSAE16（《鉴证业务准则第 16 号》），是由美国注册会计师协会（AICPA）创建的，旨在重新定义和更新公司如何汇报合规性控制。

SOC2 报告涉及与数据的安全性、可用性、处理完整性、机密性或数据隐私相关的各种组织控制。类似于 SOC1，SOC2 也提供了类型 1 和类型 2 报告。类型 1 报告是组织控制的时间点快照，通过测试进行验证，以确定数据合规控制的设计和实施是否适当。类型 2 报告着眼于在较长时期（通常为 12 个月）内控制的有效性。

基本上，SOC2 和 ISO 27001 数据合规标准都为公司提供了战略框架和标准，以衡量安全控制和系统在管理数据时的有效性。ISO 27001 主要关于开发和维护 ISMS，而 SOC2 则对重要的数据安全控制进行审计。因此，ISO 27001 要求采取更广泛的合规措施才能获得认证。基本上，如果组织希望创建 ISMS 或拥有国际客户，ISO 27001 是一个不错的选择。ISO 27001 是全球通用的数据合规性标准，得到了所有行业和地区的认可。另一方面，SOC2 对于那些希望进行数据安全审计并主要在美国开展业务的组织来说很有用。

10.7　关键要点

那么，在本章中我们学到了什么？以下是关键要点。

（1）数据治理是指决策权和责任框架的规范，以确保为了实现业务目标对数据进行评估、创建、消费和控制采取适当的行为。

（2）麦肯锡的研究发现，拥有高效数据治理是在数据方面受益的企业与未受益的企业最显著的三大差异之一。相比而言，数据治理资金投入不足的企业面临实际的监管和合规风险，并可能因此承担高昂的成本代价（McKinsey，2020）。

（3）数据治理适用于整个数据生命周期。需要了解的是，在数据生命周期早期实施数据治理效果最佳。

（4）数据治理的价值在于安全地管理整个数据生命周期（从采集到消费）中的数据，以便正确的人以正确方式使用正确的数据。

（5）有效的数据治理计划要遵循七项关键原则，即：

- 数据治理建立在信任和透明度的基础上。需要清晰的决策流程、责任人与行为规范。
- 数据治理中与数据相关的决策、流程与控制必须可审计。确保治理措施的有效性与一致性。
- 数据治理项目必须推动企业数据特别是关键数据元素的标准化。这是实现数据一致性与互操作性的基石。
- 数据治理必须贯穿数据生命周期的各个阶段，特别是数据采集与集成阶段。要从源头上保证数据质量与安全。
- 数据治理的目的在于实现数据的有效利用，提高业务生产力。这需要根据企业的数据环境与业务需求制定切实可行的治理方案。
- 数据治理不是“一刀切”的解决方案。数据治理方案应根据企业自身需求与行业最佳实践进行定制。这需要对企业数据环境与治理需求进行全面评估。

- 根本原因分析对持续有效的数据质量解决方案至关重要。这可以避免仅治标不治本，真正解决数据质量问题的根源。

（6）设计强大的数据治理框架基于三个关键组件。

- 需要治理的数据对象。
- 如何治理这些数据。
- 需要哪些机制来治理这些数据。

（7）执行数据治理框架需要在规章和控制、访问和授权之间取得平衡。这依赖于以下三个方面：

- 行业监管的作用。
- 可用资源的情况。
- 数据共享与协作文化。

（8）在与商业伙伴尤其是外部企业合作时，遵守外部数据标准非常重要，因为外部数据标准通常已经被行业广泛接受，如 ISO 27001、SOC1 和 SOC2。

（9）ISO 27001 是全球普遍认可的符合性标准，并被所有行业和地区承认。SOC2 对于希望进行数据安全审计并主要在北美开展业务的组织非常有用。如果公司在美国上市，组织需要遵循 SOC1 以满足《萨班斯-奥克斯利法案》（SOX）的要求。

10.8 结论

人们常说数据治理就像汽车的刹车一样；刹车不是为了让你开得慢，而是在你高速行驶时保护你。

如今，数据治理已经不再是可选项，它是帮助企业充分利用其数据所必需的能力。治理数据有助于组织保护其战略业务资产，因为企业持有的大量关于客户、供应商、价格、产品、员工等方面的数据，需要遵守法律法规、行业标准、内部业务流程和道德规范。同时，数据治理也需要支持运营、决策和创新。总体来说，数据治理可以帮助企业妥善且主动地管理数据，从而获得良好质量的数据、更好的模型、更深入的洞察力、更好的商业决策，以及卓越的商业表现和结果。

然而，没有质量完美的数据，企业需要容忍一定程度上存在较差质量的数据。这主要是因为每个企业都是一个不断变化发展着的实体，而数据只是记录过去事件的产物，无法完全匹配企业的变化速度。此外，企业并不总是需要 100% 完美的数据质量；有时“足够好”的水平就能被接受。在洞察和决策方面，研究显示，75% 的数据质量就已经足够支持决策（Schleckser，2022）。数据质量不高，关键是要加以控制，以缓解数据质量问题并管理其产生的后果。第 8 章和第 9 章讨论的 10 个数据质量最佳实践应作为利用和治理数据以获得更好业务绩效的指南。

参考文献

Gartner. (2022a). Data governance. https://www.gartner.com/en/information-technology/glossary/data-governance.

Gartner. (April 2022b). Enhance your roadmap for data and analytics governance. https://www.gartner.com/en/publications/enhance-your-roadmap-for-data-and-analytics-governance.

Kosutic, D. (2022). What is the meaning of ISO 27001? https://advisera.com/27001academy/what-is-iso-27001/.

Lerner, A. (July 2014). The cost of downtime. https://blogs.gartner.com/andrew-lerner/2014/07/16/the-cost-of-downtime/.

McKinsey. (June 2020). Designing data governance that delivers value. McKinsey Digital. https://www.mckinsey.com/capabilities/mckinsey-digital/our-insights/designing-data-governance-that-delivers-value.

Moses, B. (December 2020). Introducing the 5 pillars of data observability. https://towardsdatascience.com/introducing-the-five-pillars-of-data-observability-e73734b263d5.

Ng, A. (2022). MLOps: from model-centric to data-centric AI. https://www.deeplearning.ai/wp-content/uploads/2021/06/MLOps-From-Model-centric-to-Data-centric-AI.pdf.

Schleckser, J. (February 2022). 75 percent of the information is all you need to make a decision. https://www.inc.com/jim-schleckser/75-of-the-information-is-all-you-need-to-make-a-decision.html.

Vial, G. (October 2020). Data governance in the 21st-century organization. *MIT Sloan Management Review.*

11

第11章 数据保护

11.1 引言

维持数据质量不仅包括确保数据的准确性，还包括保护业务数据不受损坏、泄露、盗窃、丢失和其他有害事件的影响。近年来，随着数据量不断增长，数据的复杂性和风险也随之增加，数据保护也变得越来越重要。此外，由于几乎各个行业的各种职能都是以数据为中心的，因此对数据不可用、数据停机或数据丢失的容忍度很低。因此，数据保护是以数据安全、数据防护或数据可用性为中心的，本章涵盖了这些主题。数据安全是指为保护数据免受内部和外部的威胁而采取的措施，并确保用户在数据损坏或丢失的情况下也能获得开展业务所需的数据。

11.2 数据分类

在数据保护方面，数据分类是第一步。从根本上讲，数据可以根据业务或技术的各种标准以多种方式进行分类。以下展示了从数据保护角度对数据进行分类的五种不同方式。

11.2.1 起源

从数据的起源来看，业务数据需要从两个主要角度受到保护。

1. 结构化数据

结构化数据是指存储在格式化的存储库（通常是数据库）中的有组织的数据。这种数据结构使数据元素可以被唯一标识，从而可以进行有效的处理和分析。研究表明，在企业管理的数据中约 20%是结构化数据（Hurwitz 等，2013）。结构化数据的保护通常是通过数据库控制以及授权和身份验证机制完成的。

2. 非结构化数据

非结构化数据是指未存储在任何预定义数据结构中的数据，包括电子邮件、文档、视频、照片、音频文件、演示文稿、网页、RSS（简易信息聚合）提要等。据市场情报公司 IDC 估计，当下创建和存储的数据有 60%～80%是非结构化数据。预计到 2025 年，全球 80%以上的数据将是非结构化数据（King，2020）。非结构化数据的保护通常是通过认证和授权机制完成的。

从数据保护的角度来看，相对于非结构化数据，结构化数据可以相对容易地受到保护。并不是所有的非结构化数据都需要受到保护，但在某些非结构化数据中可能存在敏感信息，例如，出于法律或监管目的保存的文档、知识产权数据、银行详细信息、营销数据、PII（个人可识别信息）数据等。相比结构化数据，非结构化数据的保护难度更大。尽管内容模式匹配技术可以扫描服务器与工作站来将非结构化数据进行分类，但这些技术方案往往会产生误判与漏判情况，并对业务流程与工作流程造成不利影响。相反，结构化数据的访问可以通过严密的控制机制进行规范。

11.2.2 敏感性

对业务数据的不当处理可能会导致罚款、经济损失和侵犯隐私等后果。因此，企业需要根据数据访问级别及其泄露后果的严重程度，对业务数据赋予不同的敏感度。如第

2 章所述，从敏感性或合规性的角度来看，数据可以分为四种主要类型。

1. 公开或开放数据

这是指任何无限制地可以自由使用、重复使用和重新分发的数据，没有受到地区、国家或国际法律的限制。公开数据具有较低的敏感性，如公司资产负债表、产品和服务细节以及高级管理人员档案等。

2. 个人数据

这是指任何直接或间接与个人相关联的信息，可能会对个人造成损害。

3. 机密数据

这是指在公司内部使用的且具有一定敏感度的数据，如员工详细信息、产品设计、保密协议（NDA）、财务信息、合同、商业秘密等。

4. 受限数据

这是指具有最高级别敏感性的数据，包括社会保险号码、信用卡号码、银行账户、健康信息等。受监管的数据和个人数据都属于受限数据的范畴。

访问公开或开放数据很容易，但访问其他三种类型的数据是要基于具体的上下文语境。这些数据的分类着眼于数据及其应用、位置、时间段、访问角色和其他变量。诸如"为什么需要数据访问？"之类的问题，数据是如何使用的？谁在访问它？访问需要多长时间？他们什么时候访问它？

11.2.3　所有权

另一种从保护角度进行的业务数据分类方法基于数据的所有权。数据所有权涉及数据的拥有权和责任。企业数据控制不仅包括访问、创建、修改、打包、获利、销售或清除数据的能力，还包括将这些访问权限分配给其他人的权利。企业内部的数据所有权存在三个层次：

1. 企业级别

所拥有的数据在公司各个部门之间共享。这些通常是参考数据和主数据，它们具有最高级别的流程和控制。例如，在采购部门中，企业所拥有的数据可能是货币类型、设备、付款条件、供应商、材料等。

2. 特定业务线级别

拥有的数据由公司的特定部门管理。这些数据通常是交易数据，具有一定程度的流程和控制。例如，在采购职能中，业务线拥有的数据可以是合同和采购订单。

3. 职能部门级别

拥有的业务数据由少数用户在部门内管理和使用。这些数据通常也是交易数据，具有极少的流程和控制。例如，在采购部门内，业务职能部门拥有的数据可能包括收货单。

那么，企业如何根据所有权保护数据呢？企业拥有的数据在公司的不同部门之间共享，可以由数据所有者拥有。对于业务范围特定的数据，通常是交易数据，可以由业务范围内的特定数据管理员拥有，从而保护数据的安全性和完整性。

11.2.4 生命周期

在第 5 章中，我们了解了数据生命周期的概念。通常业务数据遵循一个包含 10 个关键阶段或功能的生命周期。其中的八个阶段与业务相关，包括产生、采集、验证、处理、分发、聚合、解释和消费。而后两个阶段与 IT 职能相关，包括存储和安全。每个阶段或职能都需要设计不同的数据管理流程，以满足利益相关者的需求，并涉及文档管理、质量保证、所有权等方面。

在前八个与业务相关的生命周期阶段中，数据所有权归业务部门所有；而后两个与 IT 相关的生命周期阶段，即存储和安全中，数据所有权归 IT 部门所有。但是，当数据超过所需的保留期或不再为组织服务时，应清除数据。在这种情况下，企业应该拥有安全销毁数据的所有权。这不仅可以为活动数据释放出更多的存储空间，还将减少与数据相关的碳排放。正如第 8 章所述，斯坦福大学的研究发现，每年在云中存储和处理 100GB 的数据将导致 200 千克的碳排放。

11.2.5　移动

从数据移动或数据防泄漏（Data Leakage Protection，DLP）的角度来看，业务数据可以分为两类：

（1）静态数据，这是指以任何物理形式存储的数据，包括数据库、数据仓库、电子表格、档案、磁带、离线备份和移动设备等。

（2）动态数据，也称为传输中的数据，是指在网络上传输的数据。网络可以是公共不受信任的网络，如互联网；也可以是私有网络，如企业局域网（LAN）。

虽然位于同一位置并受到相同保护措施的数据通常安全性会很高，但数据很少是静态的，通常需要被访问或与其他用户共享并转移到不同的应用程序中。因此，无论数据处于静止状态还是移动状态，其所有权都应由IT负责。

图11.1显示了数据保护分类视图。

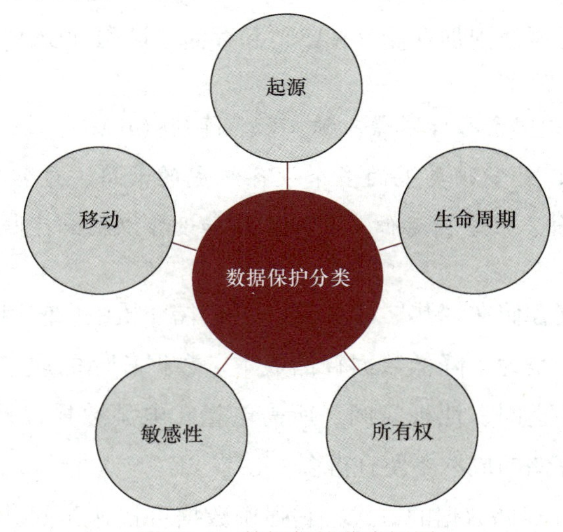

图11.1　数据保护分类视图

11.3　存储相关的数据安全

存储相关的数据安全（Data Safety）是在数据存储、数据备份、数据归档和灾难恢复（DR）四个阶段中保护数据。这些阶段下的保护方法属于数据基础设施的管理范畴，与服务器、软件以及云或托管服务、存储器、I/O、网络等密切相关。下面介绍四种不同的数据安全管理方式。

11.3.1 数据存储

数据存储是收集和保留数据的过程，包括应用程序、网络协议、文档、媒体、通讯录、用户偏好等当前或未来操作所依赖的比特和字节。数据可以存储在直接区域存储（DAS）或基于网络的存储上。

（1）DAS 通常位于当前区域，并直接连接访问它的计算机。DAS 设备包括可以重写数据的光盘（CD-RW 和 DVD-RW）、硬盘（HDD）、闪存，固态硬盘（SSD）等。

（2）基于网络的存储允许多台计算设备通过网络访问该存储设备，更适合数据共享和协作。其异地存储能力也使其更适合用于备份和灾难恢复。当将网络存储应用于数据备份时，实际上是将数据从主要位置复制到次要位置以防在灾难发生时数据丢失。两种常见的网络存储设备是网络附加存储（NAS）和存储区域网（SAN）。

- NAS 通常是由冗余存储容器或独立磁盘阵列（RAID）组成的单一设备。
- SAN 存储可以是多种类型的多个设备组成的网络，包括 SSD 和闪存存储、混合存储、混合云存储、备份软件和设备以及云存储等。

此外，可以将数据存储在“热”或“冷”的存储介质中。使用“热”和“冷”这些温度术语描述存储概念是为了降低数据存储成本。数据存储的成本取决于多种因素，包括存储设备大小、机架空间、地板空间、所需电量、电源数量以及冗余和恢复能力等。相比热存储而言，冷存储的成本要便宜得多。

（1）热存储是一种存储数据的方式，它强调数据可快速访问并随时可用于日常业务活动。热数据通常用于需要快速响应的交易性应用程序，并保存需要立即使用的数据。

（2）相比之下，冷存储则适用于需要长期保存，但不需要频繁访问的数据，如归档数据或检索时间要求不高的数据。这些数据通常被存储在低成本的对象存储和云存储层中，并主要用于分析类应用程序。

但是，“热”或“冷”数据存储与数据质量有什么关系呢？正如第 3 章所讨论的那样，数据质量的关键维度之一是可用性。对于那些很少有访问需求的数据，通常首选低成本或冷存储。由于冷存储采用的设备成本较低，因此可能无法提供高可用性所需的性能要求。而对于需要频繁访问的数据，热存储设备非常有用。它提供了快速响应和低延时访问，能够管理工作负载并满足业务需求，且不受网络和其他基础设施的限制。

11.3.2 数据备份

数据备份是对IT基础设施中存储的数据进行复制，以防止在发生数据丢失的情况下恢复原始数据。数据备份旨在保证数据的可用性。执行数据备份的最佳策略通常是在基于网络的存储设备上执行的，以确保备份数据的安全可靠。有三种主要类型的备份方法：全量备份、增量备份和差异备份。

- 全量备份：备份所有文件和文件夹的完整副本。
- 增量备份：仅备份上次全量备份或增量备份后发生变化的数据。
- 差异备份：每次备份上次全量备份后所有变化的数据，以累积方式存储。

11.3.3 数据归档

第三种数据安全管理方式是数据归档。数据归档是将不再经常使用的数据移动到单独的存储设备中进行长期保留。归档数据通常包括对组织仍然重要但未来可能参考引用，以及因合规性而保留的旧数据。数据归档的目标是降低热存储成本，同时将旧数据保存在冷存储中，以供未来参考或分析，并遵守合规性的信息保留要求。

基本上，数据归档是识别不再活跃使用的数据，并将其从生产系统转移到长期存储系统中，以便在需要时重新使用它们；通常会对由于运营或法规要求而必须保留的数据进行归档处理。

11.3.4 灾难恢复

第四种数据安全管理方式是灾难恢复（Disaster Recovery，DR）。它涉及在停机或灾害后快速重新建立对应用程序、数据和IT资源的访问权限，特别是当主节点无法运行时。DR 中的两个关键指标是恢复时间目标（Recovery Time Objective，RTO）和恢复点目标（Recovery Point Objective，RPO）。

- RTO 是在发生故障后恢复正常业务运营所需的时间。
- RPO 是在灾难中可以承受丢失的数据量。

11.4 访问相关的数据安全

数据安全（Data Security）或网络空间安全是指保护数据免受有害力量和未经授权的用户或系统侵害的一系列措施，以维护其在整个生命周期中的完整性。数据安全包括身份验证、授权和机密性机制等措施，最终目标是防止未经授权的访问，并保护数据免受损坏和丢失。身份验证是确定系统用户身份的能力。授权是限制只有经过授权的用户才能访问，防止未经授权使用数据和应用程序的情况。机密性机制可保护敏感信息不被未经授权人员泄露。

此外，无论数据处于运动还是静态状态下，都需要考虑数据安全。对于运动中的数据，关键的防护技术包括：

（1）使用 SSL（Secure Sockets Layer，安全套接字层）建立 Web 服务器与浏览器之间的加密链接。

（2）FTPS 是 FTP（文件传输协议）的一种扩展，它在传输数据之前首先进行 SSL 加密以提高数据传输的安全性。FTPS 使用一个控制通道来管理链接，并打开新连接进行数据传输。

（3）SFTP 是 SSH 文件传输协议。虽然 SSH 本身提供了访问远程计算机的网络协议，但 SFTP 是 SSH 的扩展，旨在提供更加安全可靠的文件传输功能。因此，SFTP 仅使用 SSH 端口进行数据传输。

静态数据保护的重要技术如下：

（1）物理控制是对数据中心的物理访问或现场访问的限制。

（2）访问控制通过对数据访问进行身份验证和授权来实现。如今，用户和系统使用单点登录解决方案，如 Active Directory、LDAP（轻量级目录访问协议）、OAuth 或任何其他用户身份验证平台进行身份验证。通常使用基于角色的访问控制（RBAC）方法执行用户和系统授权。

（3）掩码是隐藏原始数据或用随机字符混淆原始数据的过程，或者是用标记、加扰码和其他技术混淆原始数据。标记化包括用没有意义或用途的非敏感等价物（称为“标记”）替换敏感数据元素。加扰码是混淆敏感数据的过程。这种过程是不可逆的，因此无法从加扰码的数据中识别原始数据。

（4）加密中使用加密算法对数据进行处理，生成只有在解密后才能阅读的密码文本。

（5）匿名化是在处理之前删除敏感信息。

（6）数据库控制是在数据库中建立访问控制，例如，强制执行用户身份验证、访问权限和完整性约束；使用数据库控件来管理记录级安全性和字段级安全性。记录级安全性用于控制对特定数据对象的访问，例如，对特定产品类别的销售订单的访问。字段级安全性设置（或称字段权限）控制用户是否可以查看、编辑和删除对象的特定字段值，并使用数据库控件进行管理。字段级安全性设置可以用于保护敏感字段，如信用卡详细信息、SSN 等，而不必隐藏整个候选对象。

11.5　关键要点

以下是本章的重点摘要。

（1）数据保护是保护数据免受损坏、妥协或丢失的过程。数据保护围绕三个关键领域展开：

- 有效管理的数据分类。
- 数据存储安全或可用性。
- 数据保护安全。

（2）从数据保护角度，可以从五种不同的维度对数据进行分类，它们是：

- 起源。
- 生命周期。
- 所有权。

- 敏感性。
- 移动。

（3）与存储相关的数据安全包括四个关键过程来保护数据：数据存储、数据备份、数据归档和灾难恢复（DR）。

- 与访问相关的数据安全主要防止破坏性力量和未经授权的用户或系统访问数据，涉及数据是处于运动还是静止状态两种情况。

11.6 结论

数据保护是保护业务数据免受损坏、泄露或丢失的过程。数据保护确保数据不被破坏、丢失或非法访问，并遵守适用的法律或监管要求。尽管数据保护措施可能与旨在实现“数据民主化”战略做法相冲突，但这并不意味着不需要保护数据，企业要维护数据的安全性，以防止滥用和侵犯隐私的风险。尽管公司希望通过加快决策来实现对数据的民主化，但企业必须确保对数据进行充分的保护，避免发生信息泄露和监管不合规等风险。

数据分类、存储相关的数据安全和访问相关的数据安全是数据保护的三个关键领域，它们共同确保受保护的数据在需要时可用，并由正确的用户用于其预期目的。

参考文献

Hurwitz, J., Nugent, A., Halper, F., and Kaufman, M. (March 2016). Unstructured data in a big data environment. https://www.dummies.com/article/technology/information-technology/data-science/big-data/unstructured-data-in-a-big-data-environment-167370/.

King, T. (November 24, 2020). 80 percent of your data will be unstructured in five years. *Data Management Solutions Review.*

12

第12章

数据伦理

12.1 引言

在如今数据对业务绩效的深远影响下，数据伦理的重要性正在提高。信任是每个关系中必不可少的因素，失去信任可能导致客户忠诚度下降并带来业务损失。根据德勤的一项调查显示，全球90%的消费者认为，如果公司在使用他们的数据时不符合伦理，他们将与该组织断绝关系（Deloitte，2017）。数据伦理确实非常重要，因为许多公司在市场上依赖大量数据来建立产品和服务方面的信任。此外，由于收集的数据性质往往是敏感的，企业也受到个人信息保护法规的严格限制。虽然许多公司正在认真采取措施以解决合规性问题，但仍存在许多涉及道德和伦理问题的灰色地带。

12.2 数据伦理的定义

数据伦理到底是什么？数据伦理是伦理学的一个分支，用于评估可能对人们和社会产生不利影响的数据实践，包括生成、收集、处理、消费和共享数据。开放数据研究所（ODI）将数据伦理定义为：“在数据收集、共享和使用方面，评估可能对人们和社会产生负面影响的数据实践的伦理学分支”（ODI，2021）。其核心在于处理各种数据特别是有关个人数据的对错行为。

总体而言，数据伦理涵盖了管理数据的道德义务及其对个人和社会的影响。例如，在美国刑事司法系统中用于“预测罪犯再次犯罪”可能性的 COMPAS 软件，被广泛引用作为“不道德使用数据”最常见的例子之一，因其被指控对少数族裔群体存在偏见而受到批评。在保险业中，随着智能化技术在核保领域应用的增多，消费者遭受歧视的风险也日益增加。贷款人 AI 工具的使用导致有色人种寻求房屋贷款被多收了数百万美元。在招聘方面，许多雇主现在使用 AI 工具来筛选求职者，其中许多工具针对残疾人和其他受保护群体存在巨大的歧视（Akselrod，2021）。不符合伦理地处理数据也导致了一些人类历史上最严重的会计丑闻。WorldCom 通过篡改收入报表和资产负债表上的财务数据，使用造假的业绩吸引投资者。诸如此类的问题损害了每一个收集和应用数据的机构的声誉（Fletcher，2022）。

12.3 数据伦理的重要性

从根本上讲，数据伦理涉及对数据的负责任和可持续的使用。这关乎人民的福祉和社会的安定。如果处理不当，数据伦理将产生比以往任何时候更严重的法律后果。例如，剑桥分析公司未经 50 多万名 Facebook 用户同意就非法获取了他们的数据，并因此被迫关门倒闭。如果有了结构化和透明的数据伦理战略，企业可以获得三个重要的商业优势。

（1）合法合规。实施符合伦理的人工智能，有助于确保人们遵守《通用数据保护条例》（GDPR）、《加利福尼亚州消费者隐私法》（CCPA）、《加拿大个人信息保护和电子文件法》（PIPEDA）等法律法规。在这方面，数据主体一词是指其个人数据由组织收集、持有或处理的任何自然人。

（2）收获信任。尊重所有权、隐私、透明度等关键伦理原则的企业将建立更多客户信任，进而建立更好的客户声誉和忠诚度。

（3）提升绩效。坚守数据伦理实践的公司能够减少偏见并做出更好的决策，最终实现更好的业务绩效。

以符合伦理的方式使用数据，可以比遵守法规更深入地保障数据的使用。企业正在意识到一个新的现实，那就是客户和其他利益相关者希望了解公司如何处理他们的个人数据。根据麦肯锡最近的一项研究显示，有71%的受访者表示，如果一家公司未经允许泄露其敏感数据，则会停止与该公司做生意。（Korolov，2020）

12.4 数据伦理的原则

在任何伦理学分支中，包括数据伦理，在收集数据之前，意图是至关重要的。在计划收集数据之前，必须先问问自己为什么需要这些数据、从数据中可以获得什么、分析后能做出哪些变化等问题。如果你的目的是伤害他人、从主体的弱点中获利或其他恶意行为，那么收集该数据就是不符合伦理的。此外，为了尽可能减少对主体的风险，你始终应该仅收集最低限度且必要的数据。例如，如果使用多元线性回归模型预测某商店的销售额，单纯使用店长年龄作为预测变量可能会涉及隐私方面的风险。相比之下，店长的工作经验是一个更好的预测变量，因为工作经验不涉及隐私，并且是影响销售的重要因素。

以下列出的是数据伦理的三个关键原则，可以参考这些原则来制定适当的政策和合规策略（OGL，2020）。

12.4.1 所有权

数据责任要求企业建立有效的治理与监管机制，对数据的收集与使用行为负责。数据所有权（Ownership）意味着个人拥有自己个人信息的控制权与决定权。那么，保险公司如何管理个人的数据？问责是数据处理中的一个重要组成部分，要努力减少对个人的风险并缓解社会和伦理影响。那么，企业如何在尊重个人数据所有权的同时，管理和使用这些数据呢？这就要求企业要建立恰当的机制与流程。要获得用户同意，常用的方式包括书面协议、数字隐私政策的同意机制和允许数据收集的复选框等。

12.4.2 透明度

透明度（Transparency）意味着数据管理的行为和流程应该以完整、开放、易于理解、易于访问和免费的格式暴露于检查之下。在涉及个人信息时，数据主体有权知道您计划如何收集、存储和使用数据。这需要在收集数据时，提高透明度。数据处理活动和自动决策必须真正透明和可解释。个人必须清楚地了解数据处理的目的和利益，以了解风险以及社会、伦理后果。隐瞒或对数据主体撒谎的方法或意图是欺骗，这不仅违法，而且对您的数据主体是不公平的。

12.4.3 公平

从技术或法律角度来看，不公平是指基于受保护属性（如性别、种族、宗教、肤色、年龄等）对某些未承诺群体的差异待遇和差异影响。由于人类天生容易受到偏见的影响，我们创建的 AI 系统中可能会嵌入人类偏见，所以消除数据对个人和群体产生的任何无意识的歧视非常重要。公平（Fairness）是在没有任何偏见或歧视的情况下使用 AI 和 ML 技术。

12.5 模型漂移中的数据伦理

在 AI 和 ML 中，以符合伦理的方式使用数据的理念受到了 AI 模型漂移的严重影响。模型漂移是指由于数据和数据变量之间关系的改变而导致数据分析模型性能下降。当洞察的准确性，特别是预测分析的准确性，在模型训练和部署期间出现显著不同时，表明发生了模型漂移。在具体实践中，模型漂移有以下三个主要来源或表征。

- 数据漂移：当独立变量、特征变量或预测变量的特征发生改变时。
- 概念漂移：当因变量、标签或目标变量的特征发生改变时。
- 算法漂移：当算法（包括算法选择中所做出的假设）因业务需求发生更改而失去相关性时。

模型漂移的三个主要来源或表征的根本原因是业务发生变化。随着企业合并、收购和剥离（MAD）、新产品推出、新法律法规、进入新市场等因素的出现，业务战略和目标发生了改变。基本上，企业是一个不断发展的实体，所有上述因素都将改变企业使用原始数据分析模型的方式。然而，了解模型漂移的来源将有助于确定正确的补救措施，以使模型性能恢复到可接受的或期望的水平。

数据分析模型正日益成为业务决策和绩效的主要驱动因素。随着数据采集速度的加快和机器学习（ML）平台的日益成熟，数据分析模型正成为业务决策和绩效的主要推动力。因此，管理模型漂移对于确保洞察力或预测的准确性至关重要。通过减少或消除模型漂移有助于增强对模型的信任。

本质上说，模型漂移不是一个技术管理问题，而是一个变革管理问题。通过实施以下三种策略，可以有效地管理数据和数据分析环境中的这种变化。

（1）数据反映了现实，数据的退化往往会导致模型和业务性能的退化。因此，应使用有效的数据治理实践来管理数据漂移。我们都知道数据处理的基本原理是“垃圾输入、垃圾输出”。因此，应确定假设中的变量、定义数据质量 KPI、设置目标和阈值，并不断跟踪这些 KPI，以获得数据漂移的警报。

（2）不断评估业务动态，并不断审查现有数据分析模型与利益相关者的相关性。在与利益相关者交谈时，请询问以下几个问题。

- 你为什么想要洞察力？你想了解多少？了解和不了解这些洞察有什么价值？
- 谁拥有从模型中产生的洞察？谁负责将洞察力转化为决策和行动？
- 模型需要哪些相关数据属性才能推导出准确及时的洞察？

（3）将 ModelOps 和 DataOps 实践良好地集成起来，可以在业务环境发生变化时，快速、合乎伦理地用另一个分析模型替换已部署的模型。ModelOps（或 AIModelOps）专注于广泛可操作的人工智能（AI）和决策模型的治理与生命周期管理（Gartner，2022a）。如第7章所述，DataOps 是一种协作的数据管理实践，专注于改善整个组织中数据管理者和数据消费者之间的数据流通信、集成和自动化（Gartner，2022b）。考虑到数据是模型运行所依赖的“燃料”，如果没有数据，模型实际上就没有业务价值。因此，ModelOps 和 DataOps 实践的良好集成有助于将分析模型从实验室快速推进到生产。

总之，管理模型漂移最好的方法是通过使用合适的 KPI 持续治理和监控模型性能。虽然部署数据分析模型很重要，但真正重要的是那些可以提高业务绩效的模型。需要牢记的是，“变化是唯一不变的常态”。为了成功管理模型漂移，企业需要尽早让业务利益相关者参与到数据治理过程中，通过 KPI 应对变化，并持续调整和改进模型性能。

12.6 数据隐私

在当今处理数据的环境中，保护数据隐私是重要的伦理责任。个人可识别信息（Personal Identification Information，PII）是指任何可以用来识别个人身份的数据。根据 NIST 的定义，PII 是指机构维护的任何有关个人的信息，包括任何可用于区分或追踪个体身份的信息，如姓名、社会安全号码、出生日期和地点、母亲婚前姓氏或生物特征记录。此外，与个体相关的医疗、教育、财务和就业信息（NIST，2022）也构成 PII。

个人可识别信息（PII）可以分为两类：已链接信息和可链接性信息。已链接信息是指可以用于识别个人身份的任何个人详细资料。这种类型的 PII 数据包括全名、家庭地址、电子邮件地址、社会安全号码（SSN）、IP 地址、设备 ID、Cookies 等。另一方面，可链接性信息不能直接辨识一个人，并且在单独使用时可能无法确定某一特定用户的身份，但当与另一条资讯结合时，则可能确定其身份并跟踪或定位该用户。一些可以被视为可链接性信息的 PII 数据示例包括：中文名、国家、州、城市、邮政编码、性别、种族等。

那么，为什么保护 PII 数据很重要呢？保护 PII 数据至关重要的原因就是越来越多的组织及其个人都面临身份被盗窃的风险。黑客会创建虚假账户，甚至将身份信息出售给专门收集个人数据的个人或组织。为了保护个人隐私及个人信息数据，组织应确保实施适当的保证数据安全的方法。尽管有许多技术可以保护敏感的 PII 数据，但数据屏蔽是最常见的技术。通过用假数据代替实际的 PII 数据，可以隐藏个人真实身份，保持其隐私完整。在这种情况下，关键的数据屏蔽技术包括如下几种：

1. 标记化（Tokenization）

在此类数据脱敏类型中，真实或实际的数据值被替换或标记为虚拟值。例如，在九位数社会安全号码中，可以将数字的前六位用一个虚拟值（如 0 或×）代替，比如

(000)-000-972。通过执行PII替换，此数据不再与唯一个人相关联，但仍保留一些相关信息（在我们的示例中是社会安全号码的最后三位数字）。

2. 数据混淆（Data Scrambling）

数据混淆是指使用乱序或打乱的方式对数据字段进行模糊化处理。数据混淆也可以用于截断数据。例如，您可能会对一个人名字的字符进行随机排列（例如，“Karen Smith”变成“Krnae Stmih”），以保护该数据的机密性。

3. 添加噪声（Adding Noise）

向数据添加噪声也称为随机置换。在这种方法中，每个字段都有随机数量的噪声添加到其中。例如，如果要掩盖某个人的年龄，则可以从其真实年龄中加减1~5之间的任意数字来增加噪声。

4. 数据加密（Data Encryption）

数据加密是保护个人身份信息（PII）的一种强大方法。加密敏感的PII数据可以将其转换为看似随机的字母和数字字符串。这样可以确保在没有相应解密密钥的情况下，任何人都无法理解其中的内容。

总之，处理个人身份信息（PII）具有风险，因此最好事先采取预防措施而不是事后处理。公司应遵循数据最小化的原则（见第8章），只保留业务必需的PII数据，并且将其保留在一个高度安全的区域内，仅留存所需时间。如果PII数据在需求到期后仍然存在，则应遵循保留策略以确定PII应保存在何处、如何保护它、保存多长时间以及如何安全地处置它等。此外，组织在访问PII数据时应实施最小权限原则，即仅为用户提供执行工作职能所需的最低级别的访问或权限。

近期，谷歌、亚马逊和迪士尼等公司为了数据隐私管理，开始使用数据净室（DCR）技术，在不侵犯用户隐私的情况下安全地共享数据。数据净室是一个安全的环境，可以跨多个平台连接分散的、聚合的和非个人的身份数据。基本上，在DCR中，公司可以共享聚合数据或已打包的数据，而不是单个细粒度的客户数据，从而避免与PII数据关联。

12.7 管理数据伦理

那么，如何在组织中培养数据伦理理念呢？一个组织可以采用哪些做法来合乎伦理地管理数据。图 12.1 显示了可以集中精力对数据进行合乎伦理管理的五个领域。

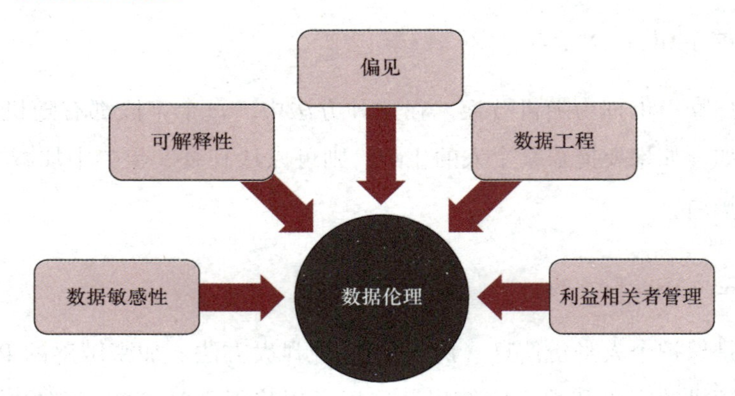

图 12.1 数据伦理的管理领域

12.7.1 数据敏感性

数据敏感性（Data Sensitivity）指的是由于数据的敏感性，需要保护未经认证的和未经授权的访问。身份验证通常依赖技术手段实现，用户通过单点登录解决方案进行身份验证（如：Active Directory、LDAP 或 OAuth），其目的是确认访问数据的用户身份，防止未经授权访问。授权涉及基于角色的访问控制（RBAC），包括保护敏感数据属性、根据用户业务角色限制数据访问等。

在第 11 章的数据分类部分，讨论了存在于公司中的四级敏感数据：公开或开放数据、个人数据、机密数据和受限数据。

（1）公开或开放数据。开放数据的观点是，某些数据应该自由开放给每个人，让他们可以随心所欲地使用和转发，而不受版权、专利或其他控制机制的限制。

（2）个人数据。PII 是指任何直接或间接地与个人相关联的数据，如果泄露可能会对该个体造成伤害。

（3）机密数据。此类数据包括任何被未经授权用户访问将会对公司造成损害的数据，通常包括财务数据、商业机密、供应商信息以及客户资料和其他敏感材料。

（4）受限数据。此类数据涉及任何具有安全问题的数据。受限数据如果未经授权就被攻击或访问，可能会导致刑事指控和巨额罚款，或对公司造成不可挽回的损害的数据。受限数据包括某些专有信息、研究报告以及由各级政府法规要求保护的数据。

12.7.2 可解释性

可解释性（Explainability）或可诠释性是指解释人工智能和机器学习模型消费数据时的行为。具体而言，可解释的人工智能（XAI）是一组过程和方法，允许用户理解和信任机器学习算法产生的结果和输出。XAI 用于描述人工智能模型、其预期影响和潜在的偏差。XAI 是一个强大的工具，用于回答有关人工智能和机器学习系统的关键问题，可用于解决日益严重的伦理和法律问题。简单地说，XAI 让人类用户理解和信任机器学习和人工智能算法产生的结果和输出。

为什么 XAI 很重要？在解释机器学习算法做出的决策方面，并不存在最有效的方法。有许多方法可以解释这个现象。适当的选择取决于消费者角色和机器学习过程的要求。如果人工智能和机器学习模型被误解和应用不当，导致做出错误的决策，这种不透明的情况可能会导致重大损失。此外，这种缺乏透明度的情况也可能导致用户不信任并拒绝使用人工智能系统。总之，可解释性（XAI）是一个强大的工具，可以帮助检测模型中的缺陷和数据中的偏差，并使所有用户建立信任。可解释性还可以帮助验证预测、改进模型，并获得对当前问题的新见解。

12.7.3 偏见

如前所述，数据都是基于已定义的业务流程收集而来的，人工智能和机器学习模型使用的数据通常存在偏见。简单地说，偏见（Bias）是对某个事物、个人或群体持有偏爱或反感的一种倾向性，通常被认为是不公平的。数据中的偏见也是一种错误类型，即其中某些元素或属性比其他元素更加重要、代表性更强。尽管与数据伦理相关的偏见类型有很多种，但以下是一些重要的偏见类型。再次说明：偏见只能减少，永远不能消除。了解不同类型的偏见有助于减少偏见。

1. 选择性偏见（Selection Bias）

如果样本数据集未能涵盖人工智能或机器学习模型应用的总体特征或环境时，就会导致选择性偏见。

2. 排除偏见（Exclusion Bias）

排除偏见是指删除一些被认为不重要的数据，这种情况可能是人为的判断而引起的。此外，由于信息的系统性排斥，也可能导致排除偏见的发生。例如，假设你有一组美国和加拿大客户的销售数据。由于98%的客户来自美国，所以你选择删除位置数据，因为你认为这无关紧要。然而，这意味着你的模型不会发现加拿大客户的花费高于美国客户的花费三倍的事实。

3. 测量偏见（Measurement Bias）

当用于训练人工智能和分析模型收集的数据与实际数据不一致时，就会出现这种偏见。一个很好的例子是图像识别数据集中出现的偏见，其中训练数据使用一种类型的相机进行采集，而生产数据则使用另一种相机进行采集。测量偏见也可能在项目数据标注阶段由于注释不一致而发生。

4. 幸存者偏见（Survivorship Bias）

人们更容易关注冠军而非亚军。幸存者偏见是将注意力放在某个被筛选过的样本上，而忽略那些没有通过该过程（通常因为缺乏可见性）的实体或事件的逻辑错误。幸存者偏见会使我们倾向于关注获胜者的特征，而忽略其他不可见的样本，这混淆了我们判断相关性和因果关系的能力。

5. 确认偏见（Confirmation Bias）

确认偏见涉及确认现有的数据或假设的洞察。当团队倾向于接受现状时，就会出现这种类型的偏见。

6. 可用性偏见（Availability Bias）

获得高质量的数据是一项挑战。可用性偏见是指仅使用容易获得和可用的假设及数据来衍生洞察力的方式。

7. 关联偏见（Association Bias）

这种偏见倾向于容易受到与特定的关联有关的影响，因为特定的关联在过去已经被证明是真实的。例如，在采集的数据集中，可能存在所有男性都是医生，所有女性都是护士的情况。这并不意味着女性不能当医生，男性不能当护士。

8. 框架偏见（Framing Bias）

框架偏见是指提问的方式和数据收集的方式会影响决策过程。

在数据从分析中获取洞察时，数据偏见可能导致误导性的结论。虽然完全消除偏见是不可能的，但企业可以重视那些会对业务绩效产生负面影响的情况，并保持警惕。

12.7.4 数据工程

数据工程（Data Engineering）不仅包括数据清洗或整理，还包括数据格式化、去重、重命名、纠正、提高准确性、填充空白数据字段、数据集成、聚合和融合等其他数据管理活动。数据工程的目标是将高质量的数据，以标准化格式存储在规范数据库（如数据仓库或数据湖）中，以执行分析并得出洞察，并使用这些标准化的数据来支持运营和合规要求。数据工程的伦理要求是确保在数据生命周期各个阶段（即在收集、整合、测试、AI / ML 模型部署等过程中）都能符合伦理地管理好这些数据。此外，数据工程中的数据伦理是确保管理的数据与组织的目标相关。例如，如果使用10年前的旧数据来制定决策，则从该数据中获得的洞察与现今就不再相关。简单来说，如果您需要从大量数据和数据分析结果中获取可操作性洞察，就必须确保这些信息是相关且有效的。

12.7.5 利益相关者管理

利益相关者管理（Stakeholder Management）有助于利益相关方或数据消费者在正确

的时间内获得正确的数据。在该管理过程中也要遵守数据伦理，避免伪造或篡改可能误导或操纵利益相关者的数据和洞察。

（1）伪造（Fabrication）数据或结果，是指人为地弄虚作假、有意歪曲和隐瞒真实的数据。它通常被称为编造数据并将编造的数据报告为正确数据的行为。

（2）篡改（Falsification）数据是指通过操纵设备或过程，更改和忽略数据或结果，导致数据无法准确或客观地反映真相。简而言之，就是改变和篡改数据或结果而得不到正确的研究结论。

总体而言，数据伦理管理包括确定数据所有权，获得用户的同意进行收集和共享数据，尤其是他们的个人识别信息（PII），减少模型和数据漂移问题，并处理相关数据。最后通过与合适的利益相关者合作，验证 AI/ML 算法、训练数据和所产生的洞察力。

12.8 关键要点

以下是本章的关键要点。

（1）数据是企业与利益相关者建立信任的重要推动因素。由于如今的法律更加严格，利益相关者对数据的适当使用的知情权也更加强烈，因此违背数据伦理造成的后果比以往任何时候都要严重。

（2）从根本上讲，数据伦理应承担社会责任并保持数据的可持续利用。当今企业正在面临一个新的现实，客户和其他利益相关者希望清晰地了解公司对其个人数据的处理过程。

（3）处理数据的一项关键伦理责任是合规处理个人可识别信息（PII）。考虑到处理 PII 数据的风险和复杂性，最好只收集和管理较少的 PII 数据。

（4）数据净室提供了一个安全环境，支持跨越多个平台和参与方进行连接，聚合非个人可识别信息。

（5）实施良好的数据伦理框架包括五个关键组成部分：数据敏感性、可解释性、偏见、数据工程以及利益相关者管理。

（6）数据伦理管理包括定义数据所有权，获得用户同意收集和共享他们的个人可识别信息（PII），减少模型和数据漂移，处理相关数据。最后也是非常重要的是通过与正确的利益相关者合作来验证 AI 和 ML 算法。

12.9　结论

如今，企业面临的监管环境日趋严格，相关法规也不断增加。尤其是那些收集个人生活及居住信息的企业，承受着越来越大的保护数据和负责任使用数据的压力。由于数据和人工智能算法存在偏见、缺乏透明度、个人数据潜在商业化等问题，关于数据伦理使用的讨论也在日益增多。为了对自身负责，企业需要建立正式的数据计划来规范数据伦理，从而建立与业务利益相关者的信任。而要建立信任，公司必须确保拥有正确的领导力、文化、组织设计、运营模型、技能、技术和流程，并以符合伦理的方式管理数据。

参考文献

Akselrod, O. (July 2021). How artificial intelligence can deepen racial and economic inequities. https://www.aclu.org/news/privacy-technology/how-artificial-intelligence-can-deepen-racial-and-economic-inequities.

Deloitte. (May 2017). Breach of trust measured in loss of business. https://www2.deloitte.com/ca/en/pages/press-releases/articles/breach-of-trust-measured-in-loss-of-business-deloitte-reports.html.

Fletcher, C. (February 2022). Why the ethical use of data and user privacy concerns matter. https://venturebeat.com/datadecisionmakers/why-the-ethical-use-of-data-and-user-privacy-concerns-matter/.

Gartner. (2022a). ModelOps. https://www.gartner.com/en/information-technology/glossary/modelops.

Gartner. (2022b). DataOps. https://www.gartner.com/en/information-technology/glossary/dataops.

Korolov, M. (November 2022). Why ethical use of data is so important to enterprises. https://www.techtarget.com/searchbusinessanalytics/feature/Why-ethical-use-of-data-is-so-important-to-enterprises.

NIST. (2022). Personally identifiable information (PII). https://csrc.nist.gov/glossary/term/personally_identifiable_information.

ODI. (June 2021). Data ethics canvas. https://theodi.org/article/the-data-ethics-canvas-2021/.

OGL (Open Government Licence). (2020). Data ethics framework. https://assets.publishing.service.gov.uk/government/uploads/system/uploads/attachment_data/file/923108/Data_Ethics_Framework_2020.pdf.